APRENDAMOS

A DERIVAR E INTEGRAR

SIN COMPLICACIONES

APRENDAMOS
A DERIVAR E INTEGRAR
SIN COMPLICACIONES

ING. MARÍA MORALES

Número de Control de la Biblioteca del Congreso de EE. UU.:		2012901555
ISBN:	Tapa Dura	978-1-4633-1903-8
	Tapa Blanda	978-1-4633-1905-2
	Libro Electrónico	978-1-4633-1904-5

Para pedidos de copias adicionales de este libro, por favor contacte con:
Palibrio
1663 Liberty Drive
Suite 200
Bloomington, IN 47403
Llamadas desde los EE.UU. 877.407.5847
Llamadas internacionales +1.812.671.9757
Fax: +1.812.355.1576
ventas@palibrio.com
380689

Índice

PRIMERA PARTE: DERIVADAS

SEGUNDA PARTE: INTEGRALES

Prólogo

El propósito de realizar este libro, es facilitarle el trabajo a los estudiantes de Ingeniería y afines a esta carrera, incluyendo a los profesores, con el análisis y obtención de resultados de integrales que requieran de un previo tiempo de práctica de las mismas, pues resolver integrales resulta un trabajo bastante complejo, desde identificar el método que se aplicará, hasta todos los artificios necesarios para poder llegar al fin de obtener un resultado correcto, y que solo la experiencia y dependiendo del tiempo que se les dedique a estas, nos podrá ayudar a ir descartando los métodos que no nos servirán para resolver cierta integral, o lo que es lo mismo luego de un tiempo de práctica, a simple vista podemos identificar el método a utilizar para realizarlas, cuando ya se tiene mayor dominio sobre estas.

Uno de los pasos a seguir para lograr realizar las integrales, es el conocimiento necesario de las derivadas, que a su vez implica tener preparación y buena base de varias leyes y propiedades matemáticas incluidas en este material. El libro contiene ejercicios explicados paso a paso de cada uno de los procedimientos para derivar e integrar.

Se que a veces resulta frustrante para muchos estudiantes resolver integrales, y no es para menos, ya que son sumas complejas, he ahí el símbolo que a continuación les presento:

$\int$ Este es el famoso símbolo de la integral, es como una "s" gigante que significa suma, o como la defino yo "suma compleja".

Entonces es importante ser constantes, optimistas y muy positivos, lo menciono así porque como estudiante de Ingeniería viví en carne propia presentar un examen de este tipo, y presencie aptitudes de muchos estudiantes que me decían por los pasillos que no podían resolverlas, en el proceso del estudio antes de la evaluación, ya que una vez que se enfrentaban con la situación de resolución de estas, se daban cuenta que se tenían que aplicar muchos artificios dependiendo de la dificultad de las integrales. Lo que les quiero decir, es que puedes superar a tu maestro si te lo propones resolviendo integrales y derivando o en lo que sea, claro! esto no se logra en un día, pero si se puede , con constancia y mucha paciencia para prepararse.

Al final del libro están anexadas las fórmulas y propiedades que necesitas saber para resolver las derivadas e integrales. Como consejo les diría que tengan paciencia, no se apresuren en realizarlas, porque a veces la ansiedad por obtener rapidez en un exámen, los puede llevar a fallar o perder detalles que a la larga les puede costar su tiempo y su evaluación. Se preguntarán entonces que harán si el exámen es solo de una o dos horas, y yo les respondo: cuando se está seguro de algo no se pierde el tiempo, por eso les recomiendo que se preparen bien para realizarlas, no se vale dudar, así que adelante confía en ti.

Me da un grato placer poder ser canal para muchas personas, que de alguna manera obtendrán ayuda por medio de este libro, que les enseñará de modo más agradable estudiar las maravillas integrales, aplicando todo lo necesario recopilado en el mismo.

¡Les deseo éxito!
María Morales Toussaint

Agradecimientos

Primeramente a Dios le doy las gracias por haber hecho posible la realización de este libro, de lo que soy, y por haber nacido en un país tan maravilloso, mi Venezuela, y del orgullo de ser Trujillana.

A mi madre y mi padre por el apoyo incondicional, y por confiar en mí en todo momento, sobre todo en los momentos más difíciles, han sido una luz en determinación y de lucha para enseñarme que no hay que darse nunca por vencido.

A mi hermana Milagros y a Paúl, por confiar en mis capacidades y por su apoyo.

A mis sobrinos Carlos Luis y Paúl Andrés, porque fueron fuente de inspiración, inspiración necesaria para todo ser humano, porque es un toque mágico para realizar lo que queremos, por trasmitirme esa alegría y por recordarme que nunca debemos perder el niño que llevamos dentro, que es una característica natural del venezolano, por eso la esencia del niño interior nunca la perdería por nada del mundo.

A Banshee por su compañía.

A la Escuela de Integración Metafísica, Templo Lord Maytreya Valera, por todo el apoyo espiritual.

A la Sra. Evelia Mejía, gran maestra espiritual, y a todos los integrantes de esta gran escuela espiritual, que me ayudaron cuando más lo necesité y que aún lo seguirán haciendo, porque siempre estuvieron ahí. Fueron y seguirán siendo una luz en todo momento, por ustedes soy lo que yo soy. Me ayudaron a convencerme que nunca hay que darse por vencido, y que donde esta Dios no hay derrota.

A mis profesores.

A la Universidad Nacional Experimental "Rafael María Baralt" Sede Los Puertos de Altagracia, Estado Zulia, por mi formación como Ingeniero en Gas.

Al Dr. Chacín, por su buena energía y positivismo, por darme su buen punto de vista del estudiante que un día fue, me sentí realmente identificada, sus relatos perdurarán en mí para siempre como un motivo de inspiración y admiración.

A mis amigos que de alguna manera me hayan ayudado, aunque sea en una oportunidad.

A todos mil gracias

Dedicatoria

Este libro se lo dedico a una gran mujer mi madre María Elena de Morales y a un hombre que me enseño que la vida definitivamente es ir siempre por el camino correcto, mí padre Jorge Morales, a los dos por su gran trabajo en equipo para que yo llegara hasta donde estoy, por todos los obstáculos y travesías que tuvimos que pasar juntos, donde su fortaleza espiritual me servían para continuar, aun cuando sentía que el mundo se caía a mil pedazos a mi alrededor. Los amo.

PRIMERA PARTE

DERIVADAS

Derivadas

Hay varios conceptos clásicos respecto a las derivadas, e incluso su concepto viene dado por Leibniz y Newton. Leibniz fue el primero en publicar la teoría, pero parece ser que Newton tenía papeles escritos (sin publicar) anteriores a Leibniz. Debido a la rivalidad entre Alemania e Inglaterra, esto produjo grandes disputas entre los científicos proclives a uno y otro país.

Newton llegó al concepto de la derivada estudiando las tangentes y Leibniz estudiando la velocidad de un móvil.

Las derivadas son muy fáciles de resolver y casi les podría garantizar que todas las derivadas tienen una respuesta, lo cual no ocurre con las integrales.

Primero observemos como simbolizamos una derivada, que puede ser de varias formas, como a continuación:

$$y'$$
$$\frac{d}{dx}$$
$$f'(x)$$
$$y'x$$

Ahora, para que se les haga más fácil de comprender aún, una derivada es el incremento de su argumento e incremento de la función a su vez. Es decir, sea la función $y = f(x)$, esta función está definida en cierto intervalo apenas le demos un valor a (x) (hablando geométricamente), que sería el argumento, y al aumentar este argumento como les había dicho anteriormente aumentará también la función (y) en este caso.

y = Función.

$f(x)$ = Argumento de la función.

La derivada no es más que una operación que se realiza para hallar la derivada de una función.

Ahora a manera de procedimiento les voy a explicar los pasos a seguir para derivar y cuáles son los tipos de derivadas.

Comencemos entonces desde el principio para poder ir entendiendo mejor, con las derivadas elementales. Cuando digo derivadas elementales son las mismas que están en tabla, aparecen en la mayoría de los libros de cálculo o es la famosa tablita que compramos en la librería que en algunos casos no la permiten en los exámenes, por lo tanto trata de aprendértelas de memoria para que se te haga más fácil realizarlas. Trata de abrir tu mente para que se te haga muy fácil de comprender, ya verás que son muy fáciles y si te lo propones son hasta divertidas.

Consejo:

Es importante aprender a derivar muy bien, ya que este es el primer paso a seguir para poder realizar las famosas integrales. Les servirá de gran ayuda para identificar de manera más rápida la solución de las integrales. Más adelante entenderán lo que les quiero decir, una vez que enfrentemos integrales donde es necesario aplicar artificios a manera de desglosar una integral usando las derivadas.

Derivadas elementales

1) Derivada de una constante:

$$\boxed{\frac{dc}{dx} = 0}$$

La derivada de una constante es igual a cero, la (C) de la fórmula es lo que te identifica esa constante. Cuando se dice constante es porque es un número cualquiera, e incluso puede ser una letra pero que la estén usando para cumplir la función de un número. Les colocaré unos ejemplos para que comprendan, es muy fácil:

Ejemplo 1:

$$y = 5$$

$$\boxed{y\,' = 0}$$

Análisis:

$y = 5$. Es la constante dada para derivarla.

5: Es la constante de la función, es decir, el argumento.

$y\,' = 0$. Es el resultado de la derivada de la función. Como ya habíamos dicho, la derivada de cualquier número siempre será cero, porque es una función de (x) tal que para toda (x) el valor de (y) es igual a C.

Ejemplo 2:

$$y = n$$

$$\boxed{y' = 0}$$

Análisis:

$y = n$. Es la función dada para derivarla.

n: Es la constante de la función (fíjate que es una letra, pero que nos está representando una constante, y mientras sea una constante su derivada es cero).
$y' = 0$. Es el resultado de la derivada de la función.

Así que ya sabes, la derivada de una constante o de un número, no será diferente de cero, no olvides esto.

2)   Derivada de (x):

$$\frac{dx}{dx} = 1$$

La derivada de (x) siempre será igual a (1), claro eso dependiendo del coeficiente que tenga al lado la función a derivar, por medio del procedimiento matemático les explicaré bien como se obtiene el resultado de esta derivada, con los ejemplos que a continuación les voy a mostrar.

Ejemplo 3:

$$y = x$$

$$y' = 1$$

Análisis:

$y = x$. Función a derivar.
$y' = 1$. Resultado de la función derivada.

Lo que sucede es que para derivar la función (x), siendo el argumento de (y), se realiza un procedimiento; se los voy a describir para que tengan más visión de donde proviene, pero cuando una variable está sola con coeficiente igual a (1) y con exponente igual a (1), al derivar, no es necesario que se haga lo que a continuación les mostraré, porque se sobreentiende.

Entonces función a derivar:

$$y = x$$

Se aplica la siguiente fórmula:

$$y' = nx^{n-1}$$

Se sobreentiende que el exponente del argumento es 1 en este caso:

$$y' = x^1$$

Donde $n = 1$.

Ahora bajamos el mismo exponente como coeficiente de la variable, y colocamos el mismo exponente y le restamos (1). Siempre será así:

$$y' = 1x^{1-1}$$

Resolvemos la resta del exponente que daría como resultado cero (0):

$$y' = 1x^0$$

Ahora debemos recordar que según las leyes de los exponentes, todo número elevado a la cero (0) siempre dará como resultado (1), observemos:

> **Nota:**
>
> Es importante tener conocimiento de la ley de los exponentes. Al final de este libro está anexada dicha ley, con la explicación y ejemplos de cada una de ellas.

$$y' = 1.1$$

Entonces para culminar multiplicamos, dando como resultado a la derivada de la función de (x) igual a (1):

$$y' = 1$$

3) Derivada de la suma de un numero finito de funciones derivables:

$$\frac{d}{dx} = (u + v - w) = \frac{du}{dx} + \frac{dv}{dx} - \frac{dw}{dx}$$

Esto quiere decir que si hay una suma o número finito de funciones que se puedan derivar, será igual a la suma de las derivadas de estas funciones.

Ejemplo 4:

$$y = 5x - \frac{2}{x} + \sqrt{x}$$
$$y = 5x - 2x^{(-1)} + x^{\frac{1}{2}}$$

$$y' = 5(1)x^{(1-1)} - 2(-1)x^{(-1-1)} + \frac{1x^{\left(\frac{1}{2}-1\right)}}{2}$$

$$y' = 5x^{(0)} + 2x^{(-2)} + \frac{1x^{\left(-\frac{1}{2}\right)}}{2}$$

$$y' = 5(1) + \frac{2}{x^2} + \frac{1}{2x^{\frac{1}{2}}}$$

$$y' = 5 + \frac{2}{x^2} + \frac{1}{2\sqrt{x}}$$

Análisis:

$y' = 5x - \dfrac{2}{x} + \sqrt{x}$. Función a derivar.

$y' = 5 + \dfrac{2}{x^2} + \dfrac{1}{2\sqrt{x}}$. Resultado de la función ya derivada.

Les explicaré por pasos, la forma en que se llega a este resultado.

Está de más decir, que es una derivada de tres funciones las cuales se están sumando y restando.

El primer paso que hice fue acomodar las funciones de manera que se pueda tener mejor visión de las mismas al derivarlas. Es decir, subí la funcion (x) que estaba como denominador y se le coloca el exponente negativo, y la raíz la transformé en exponente fraccionario. (Cuando tengas más experiencia puedes omitir estos pasos si lo deseas para que lo hagas de manera más directa):

$$y' = 5x - 2x^{(-1)} + x^{\frac{1}{2}}$$

Lo coloqué de esta forma
para aplicarles la derivada ($y' = nx^{n-1}$. *Derivada* 7)

Recuerda que es una suma de funciones, donde cada función se deriva diferente, dependiendo de cuál sea su caso.

La función $\left(\dfrac{2}{x}\right)$ es igual a $(2x^{-1})$, ya que subí la variable (x) y se coloca su exponente negativo.

Cada una de las funciones se derivan aplicando las derivadas que estan explicadas más adelante indicando su fórmula.

Y la función $\sqrt{x}$ es igual a $\left(x^{1/2}\right)$.

Ahora si aplicamos la derivada $y' = nx^{n-1}$. Recuerda que (n) de la fórmula viene siendo el exponente en todas las funciones.

$$y' = 5(1)x^{(1-1)} - 2(-1)x^{(-1-1)} + \frac{1x^{\left(\frac{1}{2}-1\right)}}{2}$$

$\downarrow$

Recuerda bajar el exponente
de la función (x) como coeficiente con
su respectivo signo.

A continuación se realizan las respectivas operaciones:

$$y' = 5x^{(0)} + 2x^{(-2)} + \frac{1x^{\left(-\frac{1}{2}\right)}}{2}$$

Acomodamos los exponentes.

$$y' = 5x + 2x^{(-2)} + \frac{1x^{\left(-\frac{1}{2}\right)}}{2}$$

O lo podemos expresar de la siguiente forma a continuación. Por último, se procede a transformar los exponentes en raíces. Es bueno que lo veas de diferentes modos en que se puede reflejar una expresión matemática sin tener que alterar su resultado:

$$y' = 5 + \frac{2}{x^2} + \frac{1}{2\sqrt{x}}$$

4) Derivada de una constante que le multiplica a una función derivable:

$$\frac{d(cv)}{dx} = c.\frac{dv}{dx}$$

Donde (C) es la constante o número y (v) es la función derivable.

Ejemplo 5:

$$y = 30\frac{1}{\sqrt{x}}$$

$$y' = 30x^{-1/2}$$

$$y' = 30(-\frac{1}{2})\,x^{-\frac{1}{2}-1}$$
$$y' = \left(-\frac{30}{2}\right)x^{-\frac{3}{2}}$$

$$y' = -15\frac{1}{\sqrt{x^3}}$$

$$y' = -15\frac{1}{\sqrt{xx^2}}$$

$$y' = -15\frac{1}{x\sqrt{x}}$$

Análisis:

$y = 30\frac{1}{\sqrt{x}}$ Función a derivar.

$y' = -\frac{15}{x\sqrt{x}}$ Respuesta de la función.

Cuando se trata de este tipo de derivadas, la constante se puede desplazar a un lado de la función a derivar, para este caso, el (30) es la constante, donde se desplazará a un lado de la derivada de $(\frac{1}{\sqrt{x}})$, y el resultado de la derivada de esta función se multiplicará por (30) que es la constante.

Aquí acomodé la función a conveniencia y para mejor visión al derivarla.

$$y' = 30x^{-\frac{1}{2}}$$

Se le aplica la derivada $(dx = nx^{n-1})$, y la constante queda de un lado multiplicando. Recuerda que $\left(n = -\frac{1}{2}\right)$:

$$y' = 30\left(-\frac{1}{2}\right)x^{(-\frac{1}{2}-1)}$$

Ahora se hacen las respectivas operaciones:

$$y' = -\frac{30}{2}x^{-\frac{3}{2}}$$

Se simplifica la derivada:

$$y' = -15x^{-\frac{3}{2}}$$

Se baja $\left(x^{-\frac{3}{2}}\right)$ como denominador para que su exponente quede positivo y se convierta en raíz:

$$y' = -\frac{15}{\sqrt{x^3}}$$

Se realiza la simplificación de la raíz para llevarla a su mínima expresión:

$$y' = -\frac{15}{\sqrt{x^2}\sqrt{x}}$$

Una vez simplificado da como resultado:

$$y' = -\frac{15}{x\sqrt{x}}$$

5) Derivada del producto de 2 funciones derivables:

$$\boxed{\frac{d(uv)}{dx} = \frac{udv}{dx} + \frac{vdu}{dx}}$$

$\left(\frac{d(uv)}{dx}\right)$ Será igual al producto de la derivada de la primera función multiplicada por la segunda función sin derivar, más el producto de la segunda función derivada multiplicada por la primera función sin derivar.

Ejemplo 6:

$$y = x^3 Sen(x)$$

$$y' = (x^3)Sen(x) + x^3(Sen(x)')$$

$$y' = 3x^{3-1}Sen(x) + x^3 Cos(x)$$

$$y' = 3x^2 Sen(x) + x^3 Cos(x)$$

Análisis:

$y = x^3 Sen(x)$. Función a derivar.

$y' = 3x^2 Sen(x) + x^3 Cos(x)$. Resultado

(x^3) Es la primera función y $Sen(x)$ la llamaremos segunda función. La función $Sen(x)$ es una función trigonométrica. Al final de este libro están anexadas las funciones trigonométricas.

El procedimiento fue el siguiente:
Se deriva la primera función que es (x^3) y se multiplica por la segunda función que es ($Sen(x)$) sin derivarla, luego sumas el producto de la derivada de la segunda función por la primera función (x^3) sin derivarla.

Ejemplo 7:
$$y = \sqrt{x} Sen(x) Cos(x)$$

$$y' = x^{\frac{1}{2}} Sen(x) Cos(x)$$

$$y' = \left(x^{\frac{1}{2}}\right)' Sen(x)Cos(x) + \left(x^{\frac{1}{2}}\right) Sen(x)' Cos(x) + \left(x^{\frac{1}{2}}\right) Sen(x)Cos(x)'$$

$$y' = \frac{1}{2}x^{\left(\frac{1}{2}-1\right)} Sen(x)Cos(x) + x^{\frac{1}{2}}Cos(x)Cos(x) + x^{\frac{1}{2}}Sen(x)(-Sen(x))$$

$$y' = \frac{1}{2}x^{-\frac{1}{2}} Sen(x)Cos(x) + x^{\frac{1}{2}}Cos^2(x) + x^{\frac{1}{2}}(-Sen^2(x))$$

$$y' = \frac{1}{2\sqrt{x}} Sen(x)Cos(x) + \sqrt{x}Cos^2(x) - \sqrt{x}Sen^2(x)$$

Este puede ser un resultado.

Procedemos a simplificar, pues en matemáticas se aplica el factor común para llevar a la mínima expresión un resultado, y podrás notar que se pueden obtener varios resultados, dependiendo hasta dónde y cómo simplificaremos a nuestra conveniencia. A continuación les mostraré los diferentes resultados que saldrán al simplificar este ejemplo, sin tener que alterar el resultado final:

Consejo:

Es importante que los estudiantes aprendan los métodos de factorización, los cuales son necesarios en muchas aplicaciones matemáticas, sobre todo para el caso de las derivadas e integrales. Esto llevará al estudiante al dominio y mejor visión en la solución de estas operaciones. Además, con el conocimiento de los métodos de factorización, los llevará a la solución más rápida y fácil de las derivadas e integrales.

$$y' = \frac{1}{2\sqrt{x}} Sen(x)Cos(x) + \sqrt{x}Cos^2(x) - \sqrt{x}Sen^2(x)$$

Simplificación #1:

$$y' = \sqrt{x}\left[\frac{Sen(x)Cos(x)}{2x} + Cos^2(x) - Sen^2(x)\right]$$

Simplificación #2:

$$y' = \frac{1}{2\sqrt{x}} Sen(x)Cos(x) + \sqrt{x}Cos^2(x) - \sqrt{x}Sen^2(x)$$

$$y' = \frac{1}{2\sqrt{x}}\left(\frac{Sen(2x)}{2}\right) + \sqrt{x}\,Cos(2x)$$

$$y' = \frac{Sen(2x)}{4\sqrt{x}} + \sqrt{x}Cos(2x)$$

Análisis:

$y = \sqrt{x}.\,Sen(x)Cos(x)$. Función a derivar.

$y' = \frac{1}{2\sqrt{x}}\,Sen(x)Cos(x) + \sqrt{x}Cos^2(x) - \sqrt{x}Sen^2(x)$. Resultado.

$y' = \dfrac{Sen(2x)}{4\sqrt{x}} + \sqrt{x}Cos(2x)$

Explicación:

En las simplificaciones se aplicó factor común para minimizar la expresión resultante, además de usar la transformación de algunas identidades trigonométricas.

En la simplificación 1 se toma como factor común $\sqrt{x}$.

En la simplificación 2, se observó lo siguiente:

$$Sen(x)Cos(x) = \frac{Sen(2x)}{2}$$
$$Cos^2(x) - Sen^2(x) = Cos(2x)$$

Es decir, de la simplificación 1 puedes llegar a la simplificación 2 transformando las identidades de esta manera. Entonces sustituyes estas identidades trigonométricas y las multiplicas por sus respectivos coeficientes.

Puedes tomar la simplificación que mejor te convenga, ya que al final es el mismo resultado.

Al derivar la función $y = \sqrt{x}Sen(x)Cos(x)$, se hace lo siguiente:

Como las 3 funciones son derivables y se están

28

multiplicando, *primero* derivas $\sqrt{x}$ como primera función y se multiplica por las otras 2 funciones sin derivarlas, que serían $Sen(x)$ y $Cos(x)$.

Segundo, luego al primer paso le sumas el producto de la derivada de la segunda función que es $Cos(x)$ por la primera y tercera función que son $\sqrt{x}$ y $Sen(x)$ sin derivarlas.

Tercero, luego sumas el paso uno y dos y el producto de la derivada de la tercera función que es $Sen(x)$ por la primera y segunda función sin derivar, realizándose luego las respectivas operaciones.

6) Derivada de una función potencial, donde (v) es una función compuesta:

$$\frac{d}{dx}(v^n) = \frac{nv^{n-1}dv}{dx}$$

Donde:

n: Número entero.
v: Función compuesta derivable.

Ejemplo 8:

$$y = (5x + 3)^3$$

$$y' = 3(5x + 3)^{3-1}(5x + 3)'$$

$$y' = 3(5x + 3)^2(5 + 0)$$

$$y' = 3(5x + 3)^2(5)$$

$$\boxed{y' = 15(5x + 3)^2}$$

Análisis:

$y = (5x + 3)^3$. Función a derivar.

$y' = 15(5x + 3)^2$. Resultado.

$n = 3$

$v = (5x + 3)' = 5$. Resultado de (v) como función compuesta.

Explicación:

Aplicando la fórmula, ya sabemos que $(n = 3)$ se bajó como coeficiente de (v), donde (v) es igual a $(5x + 3)$, se le resta (1) a su exponente (n) y se le multiplica por la derivada de (v), realizando ahora las respectivas operaciones, dando como resultado $15(5x + 3)^2$.

7) Derivada de la función $y = x^n$, donde (n) es un numero entero positivo:

$$\frac{d}{dx}(x)^n = nx^{n-1}$$

Ejemplo 9:

$$y = x^8$$
$$y' = 8x^{8-1}$$
$$y' = 8x^7.$$

Análisis:

$y = x^8$. Función a derivar

$y' = 8x^7$. Resultado.

Como (n) es el exponente de la función, que en este caso la función es (x), y el valor de (n) es igual a (8), donde (n) se baja como coeficiente de la función (x), y previamente se le resta (1) al exponente de la función como lo indica la fórmula.

8)   Derivada de la fracción de dos funciones:

$$\frac{d}{dx}\left(\frac{u}{v}\right) = \frac{v\frac{du}{dx} - u\frac{dv}{dx}}{v^2}$$

La derivada de un cociente da como resultado otra fracción, donde (u) y (v) son funciones derivables.   Entonces, el numerador de la fracción consta de la derivada de la función (u) multiplicada por la función (v) sin derivar, luego le restas el producto de la derivada de la función (v) multiplicada por la función (u) sin derivar. Después a la resta de estos dos productos lo divides por la función (v) elevándola al cuadrado.

Ejemplo 10:

$$y = \frac{x^2}{Cos(x)}$$

$$y' = \frac{(x^2)'Cos(x) - \left(Cos(x)\right)'x^2}{(Cos(x))^2}$$

$$y' = \frac{2xCos(x) - x^2(-Sen(x))}{Cos^2(x)}$$

$$y' = \frac{x(2Cos(x) + xSen(x))}{Cos^2(x)}$$

Análisis:

$y = \frac{x^2}{Cos(x)}$. Función a derivar.

$y' = \frac{x(2Cos(x)+xSen(x))}{Cos^2(x)}$. Resultado.

$y' = \frac{x(2Cos(x)+xSen(x))}{Cos^2(x)}$. Resultado factorizado, donde (x) es el factor común.

Como primer paso se identifica el numerador y el denominador que dará como resultado la fracción, donde la función (x^2) cumple la función de (u) de la fórmula y $Cos(x)$ siendo el denominador y cumple la función de (v) de la fórmula.

Ahora se aplica la fórmula: Se multiplica la función $Cos(x)$ sin derivarla por la función (x^2) derivada, luego le restas el producto de la derivada de la función $Cos(x)$ por la función de (x^2) sin derivar. A esta resta la divides por $Cos(x)$ elevándolo al cuadrado.

Después se realizan las respectivas operaciones. Como consejo te diría que factorices, es lo más conveniente, ya que a la hora de colocar en práctica la solución de las integrales se te hará más fácil de resolverlas.

9) Derivada del cociente de una función, donde el numerador es una función derivable y el denominador es una constante:

$$\frac{d}{dx}\left(\frac{u}{c}\right) = \frac{\frac{du}{dx}}{c}$$

Esta derivada es sumamente sencilla, lo que debes hacer es derivar el numerador de la fracción que es (u), y la divides por la misma constante (c) sin alterarla. Recuerda que tienes que identificar que el denominador no sea una función derivable (más adelante te explicaré por qué no derivar la constante, para que no haya confusión con la derivada (8), ya que son parecidas).

Ejemplo 11:

$$y = \frac{5x}{6}$$

$$y' = \frac{(5x)'}{6}$$

$$y' = \frac{5}{6.}$$

Análisis:

$y = \frac{5x}{6}$. Función a derivar.

$y' = \frac{5}{6.}$. Resultado.

Esta derivada da como resultado una fracción, donde sólo se derivará el numerador $(5x)$ y se divide por el mismo denominador sin alterarlo que es (6).

Ahora veamos lo que sucede si le aplicamos el procedimiento de la derivada (8), el cual no es conveniente aplicar para este tipo de funciones y para que notes la diferencia:

$$y = \frac{5x}{6}$$

$$y' = \frac{(5x)'(6) - (6)'(5x)}{(6)^2}$$

$$y' = \frac{5(6) - 0(5x)}{(6)^2}$$

$$y' = \frac{5(6)}{(6)^2} - \frac{0(5x)}{(6)^2}$$

$$y' = \frac{5}{6.}$$

Puedes notar que da el mismo resultado, cierto!. Pero si a esta fracción se le aplica la derivada (8), se perdería tiempo, lo cual sería una desventaja para un exámen, por ejemplo, ya que al derivar la constante (6) como si fuera una función, una parte de la derivada da como resultado cero (0), paso que se puede omitir aplicando la derivada (9), dando un resultado más rápido y directo a este tipo de funciones.

10) Derivada del Logaritmo neperiano (Ln):

$$\frac{d(Ln(v))}{dx} = \frac{\frac{dv}{dx}}{v} = \frac{1}{v}\frac{dv}{dx}$$

Al derivar el ($Ln(v)$), dará como resultado una fracción, donde el numerador será la derivada del argumento del Ln, que en este caso el argumento es (v), el cual estará dividido por su mismo argumento sin alterarlo. O lo que es lo mismo, multiplicas la derivada del argumento (v) por la fracción $1/v$.

Ejemplo 12:

$$y = Ln(x)$$

$$y' = \frac{(x)'}{x}$$

$$y' = \frac{1}{x}.$$

Análisis:

$y = Ln(x)$. Función a derivar, donde (x) es el argumento del Ln.

$y' = \frac{1}{x}$. Resultado.

Esta derivada es muy sencilla, se convierte en una fracción al derivar la función, donde el numerador es la derivada del argumento (x) dividida por el argumento (x) sin derivar.

11) Derivada del Logaritmo (Log):

$$\frac{d(Log(v))}{dx} = \frac{Log(e)}{v}\frac{dv}{dx}$$

Para la derivada del logaritmo harás lo siguiente: como ésta derivada da como resultado una fracción, donde el numerador es ($Log(e)$), dividido por el argumento del Log, que según la fórmula es (v). Esta fracción la multiplicarás por la derivada del argumento del Log, como lo indica la fórmula.

Ejemplo 13:

$$y = Log(x)$$

$$y' = \frac{Log(e)}{x}(x)'$$

$$y' = \frac{Log(e)}{x}(1)$$

$$y' = \frac{Log(e)}{x}$$

Análisis:

$y = Log(x)$. Función a derivar, donde (x) es el argumento del Log.

$y' = \frac{Log(e)}{x}$. Resultado.

El procedimiento que llevarás a cabo es el siguiente: colocarás una fracción, donde el numerador será ($Log(e)$) y lo divides por el argumento del Log, el cual es (x) para este caso.

Luego esta fracción la multiplicas por la derivada de (x) por ser el argumento del Log, tal como lo indica la fórmula, dando como resultado final $y' = \frac{Log(e)}{x}$, o lo puedes expresar como $y' = Log(e)\frac{1}{x}$.

12) Derivada de la función exponencial a^v:

$$\frac{d(a^v)}{dx} = a^v Ln(a)\frac{dv}{dx}$$

Harás el siguiente procedimiento: multiplicarás la función (a^v) por el $(Ln(a))$ y a su vez lo multiplicarás por la derivada del exponente de (a) que en este caso sería la derivada de (v).

Ejemplo 14:

$$y = a^x$$

$$y' = a^x Ln(a)(x)'$$

$$y' = a^x Ln(a)(1)$$

$$y' = a^x Ln(a).$$

Análisis:

$y = a^x$. Función a derivar.

$y' = a^x Ln(a)$. Resultado.

Cumpliéndose con el procedimiento, se multiplica (a^x) por $Ln(a)$, y a su vez lo multiplicas por la derivada del exponente de (a), que sería la derivada de (x), dando como resultado $y' = a^x Lna$.

13) Derivada de la función exponencial e^x :

$$\frac{d(e^v)}{dx} = e^v \frac{dv}{dx}$$

Esta es otra función exponencial, donde la base de la función es (e). Lo que harás es multiplicar la función (e^v) por la derivada del exponente de (e), que en este caso su exponente es (v), tal como lo indica la fórmula.

Ejemplo 15:

$$y = e^x$$

$y' = e^x (x)$

$y' = e^x(1)$ — Puedes omitir este paso ya que se sobreentiende.

$$y = e^x.$$

Nota:

Puedes omitir este paso. Lo hice para que veas el procedimiento. Pero se sobrentiende que la derivada de esta función tal cual como está, siempre será (e^x).

Ejemplo 16:

$$y = e^{x^2}$$

$$y' = e^{x^2}(x^2)'$$

$$y' = e^{x^2}(2x)$$

$$y' = (2x)e^{x^2}.$$

Análisis:

$y = e^{x^2}$. Función a derivar.

$y' = (2x)e^{x^2}$. Resultado.

Cuando el exponente de este tipo de función sea más compleja, si debes realizar el procedimiento completo, es decir, no puedes omitir pasos como el ejemplo anterior, sino que multiplicas la función (e^{x^2}), por la derivada del exponente de la función, que en este caso es (x^2).

Entonces al derivar el exponente da como resultado $(2x)$ y lo multiplicas por la función (e^{x^2}), quedando $y' = (2x)e^{x^2}$ como resultado final.

Hay otra forma de resolverla, aplicando un cambio de variable, veamos:

Sea la función $y = e^{x^2}$.

Cambio de variable; cambia el exponente (x^2) por (u), y derivas, entonces:

$$u = x^2$$

Procedemos al cambio:

$$y = e^u$$

Ahora aplicamos el procedimiento:

$$y = e^u.u'$$

$y' = e^u(2x)$ $\longrightarrow$ Recuerda que $(u = x^2)$ y al derivarlo queda como $(2x)$.

$y' = e^{x^2}(2x)$ $\longrightarrow$ Luego sustituyes los valores de (u) por (x^2).

14) Derivada de una función exponencial compuesta:

$$\frac{d\,(u^v)}{dx} = vu^{v-1}\frac{du}{dx} + Ln(u).u^v\frac{dv}{dx}$$

En este tipo de función exponencial, tanto la base como el exponente son funciones derivables y complejas, la cual dará como resultado el producto del exponente (v) por la función (u) y a su vez le restaras una unidad al exponente de la función (u), y multiplícala por la derivada de (u). A este producto le sumas el producto del $(Ln(u))$ por la función (u^v) y por la derivada del exponente de la función (u) que en este caso es (v).

Ejemplo 17:

$$y' = x^x$$

$$y' = x.x^{x-1}(x)' + Ln(x)x^x(x)'$$

$$y' = x.x^{x-1}(1) + Ln(x)x^x(1)$$

$$y' = x^{x-1+1}(1) + Ln(x)x^x$$

$$y' = x^x + x^x Ln(x)$$

$$y' = x^x(1 + Lnx).$$

Análisis:

$y' = x^x$. Función a derivar.

$y' = x^x + x^x Ln(x)$. Resultado.

$y' = x^x(1 + Ln(x))$. Resultado factorizado.

Tienes que identificar la base y el exponente, a diferencia de la derivada anterior, la base para este caso serán funciones que contengan (x), donde debes reconocer que tanto la base como su exponente sean funciones derivables.

Fíjate que el exponente de la base es (x), el cual lo bajarás como coeficiente multiplicándolo por la función o base que también es (x), y a su vez le restas una unidad al exponente de la función o base. Una vez hecho esto lo multiplicas por la derivada de la función o base que también es (x). Luego sumas el producto de (Ln) de la función o base, es decir, $Ln(x)$, por la función original que te dieron a derivar, que en este caso es (x^x) y por la derivada del exponente de la función que es (x). Ahora se procede a las respectivas operaciones. Apliqué factor común (x^x), dando como resultado $x^x(1 + Lnx)$.

Ejemplo 18:

$$y' = (Cos(x))^{x^2}$$

$$y' = x^2(Cos(x))^{x^2-1}\big(Cos(x)\big)' + Ln\big(Cos(x)\big)(Cos(x))^{x^2}(x^2)'$$

$$y' = x^2(Cos(x))^{x^2-1}(-Sen(x)) + Ln(Cos(x))(Cos(x))^{x^2}2x$$

$$y' = -x^2(Cos(x))^{x^2-1}(Sen(x)) + 2xLn(Cos(x))\,(Cos(x))^{x^2}$$

$$y' = 2xLn(Cos(x))(Cos(x))^{x^2} - x^2(Cos(x))^{x^2-1}(Sen(x))$$

$$y' = x\left[2Ln(Cos(x))(Cos(x))^{x^2} - x((Cos(x))^{x^2-1}(Sen(x)))\right].$$

Análisis:

$y' = (Cos(x))^{x^2}$. **Función a derivar.**
$y' = 2xLn(Cos(x))(Cos(x))^{x^2} - x^2(Cos(x))^{x^2-1}(Sen(x))$ **Resultado.**
$y' = x\left[2Ln(Cos(x))(Cos(x))^{x^2} - x(Cos(x))^{x^2-1}(Sen(x))\right]$

Resultado factorizado.

Como puedes notar tanto la base como el exponente son funciones complejas. Aplicas el procedimiento y sacas factor común de (x), dando como resultado $y' = x\left[2Ln(Cos(x))(Cos(x))^{x^2} - x((Cos(x))^{x^2-1}(Sen(x)))\right]$

15)   Derivada de una constante (C) por $\sqrt[n]{x}$:

$$\frac{d\left(c\sqrt[n]{x}\right)}{dx} = C\frac{\sqrt[n]{x}}{n.x}$$

Simplemente realizas el procedimiento para derivar el radical y lo multiplicas por su coeficiente (C).

Ejemplo 19:

$$y = 2\sqrt{x}$$
$$y' = 2.\frac{\sqrt{x}}{2x}$$

$$y' = \frac{\sqrt{x}}{x}$$

Otra forma de expresarlo:

$$y' = (x)^{\frac{1}{2}}(x)^{-1}$$

$$y' = (x)^{\frac{1}{2}-1}$$

$$y' = x^{-\frac{1}{2}}$$

$$y' = \frac{1}{x^{\frac{1}{2}}}$$

$$\boxed{y' = \frac{1}{\sqrt{x}}}$$

Análisis:

$y = 2\sqrt{x}$. Función a derivar.

$y' = \frac{\sqrt{x}}{x}$. Resultado.

$y' = \frac{1}{\sqrt{x}}$. Resultado simplificado.

Da como resultado una fracción, donde el numerador será el radical dividido por el producto del índice de la raíz que en este caso es (2) por lo que contiene dentro la raíz, es decir, (x) para este caso. No olvides multiplicar la fracción por la constante que multiplica a la función.

Para reflejarlo de otra manera, lo puedes simplificar, subes la (x) que esta como denominador con exponente negativo y lo multiplicas por el radical, sumas sus exponentes y ubicas la función de manera que quede positivo su exponente, dando como resultado $\left(\frac{1}{\sqrt{x}}\right)$ al simplificar la función.

16) Derivada de la raíz de una función compuesta (u) que le multiplica a una constante:

$$\frac{d\left(c\sqrt[n]{u}\right)}{dx} = c.\frac{\sqrt[n]{u}}{n.u}\frac{du}{dx}$$

El procedimiento es casi igual a la derivada (15). Tienes que agregarle la multiplicación de la derivada de (u) a la fracción. Donde (u) es una función compuesta.

Ejemplo 20:

$$y = 4\sqrt[3]{(x+2)}$$

$$y' = 4\frac{\sqrt[3]{(x+2)}}{3(x+2)}(x+2)'$$

$$y' = 4\frac{\sqrt[3]{(x+2)}}{3(x+2)}(1)$$

$$y' = 4\frac{\sqrt[3]{(x+2)}}{3(x+2)}$$

Otra forma de expresarla al simplificar:

$$y' = \frac{4}{3}(x+2)^{\frac{1}{3}-1}$$

$$y' = \frac{4}{3}(x+2)^{-\frac{2}{3}}$$

$$y' = \frac{4}{3(x+2)^{\frac{2}{3}}}$$

$$y' = \frac{4}{3\sqrt[3]{(x+2)^2}}$$

Análisis:

$y = 4\sqrt[3]{(x+2)}$. Función a derivar.

$y' = 4\frac{\sqrt[3]{(x+2)}}{3(x+2)}$. Resultado.

$y' = \frac{4}{3\sqrt[3]{(x+2)^2}}$. Resultado simplificado.

17) Derivada del producto de una constante (C) por la función (u) y función (v):

$$\frac{d(c.u.v)}{dx} = c\left(v\frac{du}{dx} + u.\frac{dv}{dx}\right)$$

Realizas la derivada del producto de estas dos funciones y la multiplicas por la constante (C).

Ejemplo 21:

$$y = 7(x)(x+2)$$

$$y' = 7[(x)'(x+2) + (x)(x+2)']$$
$$y' = 7[(1)(x+2) + (x)(1)]$$

$$y' = 7(x + 2 + x)$$

$$y' = 7(2x + 2)$$

$$y' = 7(2)(x + 1)$$

$$\boxed{y' = 14(x + 1)}$$

Análisis:

$y = 7(x)(x + 2)$. Función a derivar.

$y' = 7(2x + 2)$. Resultado.

$y' = 14(x + 1)$. Resultado factorizado.

Multiplicas la constante (7) por la derivada del producto de las 2 funciones. En este caso la constante (7) le multiplica a la función $2(x + 1)$.

Factoriza el resultado para que lo lleves a su mínima expresión.

18) Derivada de la fracción que le multiplica a una constante (C), donde el numerador y el denominador de la fracción son funciones derivables:

$$\boxed{\frac{dc}{dx}\frac{u}{v} = c\left(\frac{v \cdot \frac{du}{dx} - u\frac{dv}{dx}}{v^2}\right)}$$

Ejemplo 22:

$$y = 100 \left(\frac{x}{x-1} \right)$$

$$y' = 100 \left(\frac{(x)'(x-1) - (x)(x-1)'}{(x-1)^2} \right)$$

$$y' = 100 \left(\frac{(1)(x-1) - (x)(1)}{(x-1)^2} \right)$$

$$y' = 100 \left(\frac{x-1-x}{(x-1)^2} \right)$$

$$y' = 100 \left(\frac{-1}{(x-1)^2} \right)$$

$$\boxed{y' = -\frac{100}{(x-1)^2}}$$

Análisis:

$y = 100 \left(\frac{x}{x-1} \right)$. Función a derivar.

$y' = 100 \left(-\frac{100}{(x-1)^2} \right)$. Resultado de la función.

Realizas la derivada del cociente, tal como lo indica la derivada (8) de este libro, pero lo multiplicas por (100), que es la constante en este ejemplo.

19) Derivada del cociente de una constante por una función compuesta:

$$\frac{d}{dx}\left(\frac{c}{u}\right) = -\frac{c.u'}{u^2}\frac{d}{dx}$$

Esta derivada da como resultado una fracción negativa, donde el numerador será la constante (C) que le multiplica a la derivada de la función (u), y luego la divides por la función (u) elevado al cuadrado, es decir, (u^2). Recuerda que (u) es una función compuesta.

Ejemplo 23:

$$y = \frac{1986}{x+1}$$

$$y' = -\frac{1986(x+1)'}{(x+1)^2}$$

$$y' = -\frac{1986(1)}{(x+1)^2}$$

$$y' = -\frac{1986}{(x+1)^2}$$

Análisis:

$y = \frac{1986}{x+1}$. **Función a derivar.**

$y' = -\frac{1986}{(x+1)^2}$. **Resultado.**

Lo fundamental es recordar que el resultado de esta derivada es una fracción negativa, donde el numerador es un número o lo que es lo mismo una constante que la multiplicarás por la derivada de la función $(x + 1)$ para este caso. Luego divides el numerador por la función $(x + 1)$ al cuadrado.

Nota:

Cuando una constante le multiplica a una función a derivar, lo que harás es resolver la función de acuerdo al procedimiento que le corresponda para derivarla y la multiplicas por la constante. Esto es para el caso de todas las funciones que les está multiplicando una constante.

20) Derivada del cociente donde el numerador es una constante y el denominador es la función (x):

Es casi el mismo procedimiento que la derivada anterior, la diferencia es que en este caso la función no es compuesta. Por lo que sólo será una fracción negativa dividida por su función (x) al cuadrado.

Ejemplo 24:

$$y = \frac{1}{x}$$

$$y' = -\frac{1}{x^2}$$

Análisis:

$y = \frac{1}{x}$. Función a derivar.

$y' = -\frac{1}{x^2}$. Resultado.

Es una derivada muy sencilla, sólo multiplicas la fracción por un signo negativo, donde el numerador será la misma constante y el denominador lo elevas al cuadrado.

21) Derivada del producto del logaritmo de una función (x) por una constante:

$$\frac{d(cLog(u))}{dx} = c\frac{\frac{du}{dx}}{u}Log(e)$$

Ejemplo 25:

$$y = 6886Log(x)$$

$$y' = 6886\frac{1}{x}Log(e)$$

$$y' = 6886\frac{1}{x}Log(e)$$

Análisis:

$y = 6886Log(x)$. Función a derivar.

$y' = 6886\frac{1}{x}Log(e)$. Resultado.

Es el mismo procedimiento que la derivada (11) de este libro, pero en este caso le multiplicas la constante (6886) a la derivada del $Log(x)$.

22) Derivada de una función compuesta:

$$\frac{dF[f(x)]}{dx} = F'(u).f'(x)$$

Es lo que comúnmente le aplicamos a las funciones compuestas, siendo el procedimiento de la regla de la cadena. Es decir, siendo F una función derivable entonces se deriva y se multiplica por la derivada interna.

Ejemplo 26:

$$y = (x^2 + 2)^2$$

$$y' = (x^2 + 2)^{2'}(x^2 + 2)'$$
$$y' = 2(x^2 + 2)^{2-1}(2x^{2-1})$$

$$y' = 2(x^2 + 2)(2x)$$

$$\boxed{y' = 4x(x^2 + 2)}$$

Análisis:

$y = (x^2 + 2)^2$. Función a derivar.

$y' = 4x(x^2 + 2)$. Resultado.

Sea la función (F) igual a $(x^2 + 2)^2$ y su función (f) igual a $(x^2 + 2)$. Entonces lo que harás es derivar el exponente de la función (F) y lo multiplicas por su derivada interna es decir, la derivada de $(x^2 + 2)$. Luego multiplicas los coeficientes que dieron resultado de las derivas, dando como resultado $4x(x^2 + 2)$.

23) Derivada de la función trigonométrica $(Senv)$:

$$\boxed{\frac{d(Sen(v))}{dx} = Cos(v)\frac{dv}{dx}}$$

La derivada de $(Sen(v))$ siempre será $(Cos(v))$ con signo positivo, y lo multiplicas por la derivada del argumento del *Seno* que es (v), pero como el resultado de esa derivada da (1) colocas el resultado directamente, es decir, $(Cos(v))$

Ejemplo 27:

$$y = Sen(5x)$$

$$y' = (Sen(5x))'(5x)'$$

$$y' = (Cos(5x))(5)$$

$$y' = 5Cos(5x).$$

Análisis:

$y = Sen(5x)$. Función a derivar.

$y' = 5Cos(5x)$.Resultado

Ya sabes que la derivada de $(Sen(x))$ es $(Cos(x))$, ya que la derivada del argumento da (1) como resultado, pero en este caso el argumento del *Seno* es $(5x)$, lo que significa que al derivar la función trigonométrica lo multiplicas por su derivada interna o lo que es lo mismo 5.

24)   Derivada de la función trigonométrica $Cos(v)$:

$$\frac{d(Cos(v))}{dx} = -Sen(v)\frac{dv}{dx}$$

Su derivada siempre será $-Sen(v)$. Debes recordar el signo negativo, ya que en algunos casos lo omitimos por motivos de confusión con la integral de esta función o por olvido.

25) Derivada de la función trigonométrica $(Tg(v))$:

$$\frac{d(Tg(v))}{dx} = \frac{1}{Cos^2(v)}\frac{vdv}{dx}$$

Pero la derivada de $(Tg(v))$ puede expresarse también como $(Sec^2(v))$, ya que la inversa de $(Sec^2(v))$ es igual a $\left(\frac{1}{Cos^2(v)}\right)$.

Además hay que recordar que $(Tg(v))$ también se puede reflejar de la siguiente manera:

$Tg(v) = \frac{Sen(v)}{Cos(v)}$, si derivamos la identidad $\left(\frac{Sen(v)}{Cos(v)}\right)$, podemos darnos cuenta que da como resultado $\left(\frac{1}{Cos^2(v)}\right)$, les explicaré a continuación:

$$y = \frac{Sen(v)}{Cos(v)}$$

$$y' = \frac{(Sen(v))'(Cos(v)) - (Cos(v))'(Sen(v))}{Cos^2 v}$$

$$y' = \frac{(Cos(v))(Cos(v)) - (-Sen(v))(Sen(v))}{Cos^2 v}$$

$$y' = \frac{Cos^2(v)+Sen^2(v)}{Cos^2(v)} \longrightarrow$$

Nota:

Recuerda que:
$Cos^2 + Sen^2 = 1$

$$y' = \frac{1}{Cos^2(v)} = Sec^2(v).$$

Análisis:

$y = \frac{Sen(v)}{Cos(v)}$. Función a derivar.

$y' = \frac{1}{Cos^2(v)} = Sec^2(v)$. Resultado expresado en dos formas posibles.

Al identificar la función, puedes notar que se trata de una derivada del cociente de dos funciones derivables, por lo tanto se aplicará este procedimiento para resolverla.

Recuerda que se comienza derivando la función del numerador, $(Sen(v))$, multiplicándola por la función trígonométrica $(Cos(v))$ sin derivarla. Ahora este producto se resta por la derivada de $(Cos(v))$ por $(Sen(v))$ sin derivarla, (es decir, primero derivas el numerador por el denominador sin derivar y luego al contrario porque restas el producto del denominador derivado por el numerador sin derivarlo. A la resta de estos 2 productos lo divides por el denominador $(Cos^2(v))$.

Consejo:

Es importante tener conocimientos de todas las identidades trigonométricas posibles, además de las diferentes formas que se pueden formular sin alterar su resultado. Esto ayuda al estudiante a la simplificación en muchos casos, e incluso si tienes conocimientos de ellas se logra un cometido más amplio para lograr resolver lo que desea; para este caso, derivar e integrar, que es la meta. Al final de este libro están anexadas las funciones trigonométricas y las diversas formas como se pueden denotar.

Fíjate que $(Cos^2v + Sen^2v = 1)$, ejecutando la sustitución por (1), dando como resultado a la derivada de $\left(\frac{1}{Cos^2(v)}\right)$, o lo que también es lo mismo $(Sec^2(v))$.

Ejemplo 28:

$$y = Tg(6x)$$

$$y' = \frac{1}{Cos^2(6x)} \cdot (6x)'$$

$$y' = \frac{1}{Cos^2(6x)} \cdot (6)$$

$$y' = \frac{6}{Cos^2(6x)}$$

ó

$$y' = 6Sec^2(6x).$$

Análisis:

$y = Tg(6x)$. Función a derivar.

$y' = \frac{6}{Cos^2(6x)}$. Resultado.

$y' = 6Sec^2(6x)$. Resultado expresado en forma inversa de la identidad trigonométrica.

Cuando derives la $(Tg(x))$, colocas $\left(\frac{1}{Cos^2x}\right)$, claro que en este ejemplo el argumento de la identidad trigonométrica es $(6x)$, por lo tanto colocarás $\frac{6}{Cos^2(6x)}$, y prestándole atención al coeficiente que acompaña a la Tangente, en este ejemplo la función a derivar tiene por coeficiente (1). Luego la fracción la multiplicas por la derivada del argumento de la Tangente. Entonces da como resultado $y' = \frac{6}{Cos^2(6x)}$, o lo que es lo mismo

$y' = 6Sec^2(6x)$, aplicándole la inversa al primer resultado.

26) Derivada de la función trigonométrica $(Ctgv)$:

$$\frac{d(Ctg(v))}{dx} = -Csc^2(v)\frac{dv}{dx}$$

La derivada de $Ctg(v)$, da como resultado $-Csc^2(v)$, aunque también lo podemos denotar como $\left(\frac{-1}{Sen^2(v)}\right)$, te explicaré de donde proviene este resultado:

Si $Ctg(v) = \frac{Cos(v)}{Sen(v)}$, veamos lo que sucede cuando lo derivamos:

$$y = \frac{Cos(v)}{Sen(v)}$$

$$y' = \frac{(Cos(v))'(Sen(v)) - \big(Sen(v)\big)'(Cos(v))}{Sen^2(v)}$$

$$y' = \frac{(-Sen(v))(Sen(v)) - \big(Cos(v)\big)(Cos(v))}{Sen^2v}$$

$$y' = \frac{-Sen^2(v) - Cos^2(v)}{Sen^2(v)}$$

$$y' = \frac{-(Sen^2(v)+Cos^2(v))}{Sen^2(v)}$$

$$y' = \frac{-1}{Sen^2(v)} = -Csc^2(v).$$

> **Nota:**
>
> Recuerda que:
> $Cos^2 + Sen^2 = 1$
> Lo que conllevaría a que podamos sustituir.

Análisis:

$y = \frac{Cos(v)}{Sen(v)}$. Función a derivar.

$y' = \frac{-1}{Sen^2(v)} = -Csc^2(v)$. Resultado expresado en dos formas posibles.

Se aplica el mismo procedimiento que la derivada anterior, a manera de comprobar el resultado de $Ctg(v)$.

Debes percatarte que si aplicas factor común del sigo negativo a $\left(\frac{-Sen^2(v)-Cos^2(v)}{Sen^2(v)}\right)$, quedando la identidad trigonométrica $\left(\frac{-(Sen^2(v)+Cos^2(v))}{Sen^2(v)}\right)$, lo cual significa que se puede sustituir por (1) el numerador, dando como primer resultado $\left(\frac{-1}{Sen^2(v)}\right)$, o lo que es lo mismo $(-Csc^2(v))$. Ya que $(-Csc^2(v))$ es la inversa de $\left(\frac{-1}{Senn^2(v)}\right)$.

Ejemplo 29:

$$y = Ctg(9x + 6)$$

$$y' = -Csc^2(9x + 6)(9x + 6)'$$

$$y' = -Csc^2(9x + 6)(9)$$

$$y' = -9Csc^2(9x + 6)$$

$$y' = \frac{-9}{Sen^2(9x + 6)}$$

Análisis:

$y = Ctg(9x + 6)$. Función a derivar.

$y' = -9Csc^2(9x + 6)$.Resultado

$y' = \frac{-9}{Sen^2(9x+6)}$. Resultado al cual se le aplicó la inversa.

Cuando derives la $(Cg(x))$ de este ejemplo colocas $\left(-Csc^2(9x + 9)\right)$, recuerda fijarlo con su mismo argumento y la multiplicas por la derivada del argumento de la Cotangente.

No olvides que le puedes aplicar la inversa si lo deseas, dependiendo del caso que lo amerite sobre todo, quedando como resultado $y' = \frac{-9}{Sen^2(9x+6)}$.

27) Derivada de la función trigonométrica $(Sec(v))$:

$$\boxed{\frac{d(Sec(v))}{dx} = Sec(v).Tg(v)\frac{dv}{dx}}$$

Ejemplo 30:

$$y = 5Sec(20x + 3)$$

$$y' = 5Sec(20x + 3)'(20x + 3)'$$

$$y' = 5Sec(20x + 3)Tg(20x + 3)(20)$$

$$y' = 100Sec(20x + 3)Tg(20x + 3).$$

La derivada de la Secante es $(Sec(x)Tg(x))$ multiplicándolo por la derivada del argumento, es decir, vas a colocar el coeficiente (5) que acompaña a la $Sec(20x + 3)$ y lo multiplicarás por $Sec(20x + 3)Tg(20x + 3)$ y por la derivada interna que es $(20x + 3)$ que dará como resultado (20).

Por lo que multiplicarás (5) por (20) dando como resultado $100Sec(20x + 3)Tg(20x + 3)$.

28) Derivada de la función trigonométrica $(Cscv)$:

$$\frac{d(Csc(v))}{dx} = -Csc(v).Ctg(v)\frac{dv}{dx}$$

Ejemplo 31:

$$y = Csc(30x)$$

$$y' = Csc(30x)'(30x)'$$

$$y' = -Csc(30x)Ctg(30x)(30)$$

$$y' = -30Csc(30x)Ctg(30x).$$

Análisis:

$y = Csc(30x)$. Función a derivar.

$y' = -30Csc(30x)Ctg(30x)$. Resultado.

Igual que las otras derivadas tiene unos pasos estándar. En este caso colocarás el signo menos de la fórmula que multiplica a la Cosecante y que a su vez le multiplica a la derivada del argumento de la Cosecante. Entonces sería: el signo menos que multiplica a la función trigonométrica $Csc(30x)$ por $Ctg(30x)$ por (30). No olvides colocarle su mismo argumento a las funciones trigonométricas durante todo el procedimiento.

29) Derivada de la función trigonométrica $(ArcSenv)$:

$$\frac{d(ArcSen(v))}{dx} = \frac{\frac{dv}{dx}}{\sqrt{1 - v^2}}$$

Ejemplo 32:

$$y = 2ArcSen(90x)$$

$$y' = 2\frac{(90x)'}{\sqrt{1 - (90x)^2}} = \frac{2(90)}{\sqrt{1 - 8100x^2}}$$

$$y' = \frac{180}{\sqrt{1 - 8100x^2}}$$

La derivada de esta función trigonométrica inversa arroja una fracción, donde su numerador es la derivada del argumento del *Arcoseno* que a su vez lo multiplicarás por el coeficiente que acompaña al *Arcoseno*, que en este ejemplo coloqué (2) como coeficiente. Luego lo divides por la raíz de (1) menos el argumento del *ArcSen* al cuadrado. Se realizan las respectivas operaciones dando como resultado $y' = \frac{180}{\sqrt{1-8100x^2}}$.

30)   Derivada de la función trigonométrica inversa $(ArcCos(v))$:

$$\frac{d}{dx}(ArcCos(v)) = \frac{-(\frac{dv}{dx})}{\sqrt{1-v^2}}$$

Ejemplo 33:

$$y = \frac{1}{2}ArcCos(4x)$$

$$y' = -\frac{1}{2}\left(\frac{(4x)'}{\sqrt{1-(4x)^2}}\right)$$
$$y' = -\frac{1}{2}\left(\frac{4}{\sqrt{1-16x^2}}\right)$$

$$y' = -\frac{4}{2}\frac{1}{\sqrt{1-16x^2}}$$

$$y' = -2\frac{1}{\sqrt{1-16x^2}}$$

$$y' = -\frac{2}{\sqrt{1-16x^2}}.$$

Análisis:

$y = \frac{1}{2}ArcCos(4x)$. Función a derivar.

$y' = -\frac{2}{\sqrt{1-16x^2}}$. Resultado.

Se aplica el mismo procedimiento que el anterior, la diferencia es que al procedimiento del *Arcocoseno* le agregas el signo menos de la fórmula, a diferencia del *Arcoseno*.

31) Derivada de la función trigonométrica inversa ($ArcTg(v)$):

$$\frac{d(ArcTg(v))}{dx} = \frac{(\frac{dv}{dx})}{1+v^2}$$

Ejemplo 34:

$$y = ArcTg(x)$$

$$y' = \frac{(x)'}{1+x^2}$$

$$y' = \frac{1}{1+x^2}.$$

Análisis:

$y = ArcTg(x)$. Función a derivar.

$y' = \frac{1}{1+x^2}$. Resultado.

Esta es muy fácil de identificar, fíjate que es una fracción totalmente positiva. El numerador será la derivada del argumento que es (x) y se divide por la suma de (1) más el argumento (x) elevado al cuadrado.

32) Derivada de la función trigonométrica inversa ($ArcCtg(v)$):

$$\frac{d(ArcCtg(x))}{dx} = \frac{-(\frac{dv}{dx})}{1+v^2}$$

Ejemplo 35:

$$y = ArcCtg(8x)$$

$$y' = -\frac{(8x)'}{1 + (8x)^2}$$

$$\boxed{y' = -\frac{8}{1+64x^2}.}$$

Análisis:

$y = ArcCtg(8x)$. Función a derivar.

$y' = -\frac{8}{1+64x^2}$. Resultado.

Esta derivada arroja una fracción negativa como lo indica la fórmula, donde el numerador es la derivada del argumento del *Arcotangente* dividida por (1) más su argumento al cuadrado. Para que no te confundas con la derivada del *Arcotangente*, ya que es el mismo procedimiento, recuerda que la derivada del *Arcocotangente* presenta un signo menos de la fórmula que estará multiplicándole a la fracción, a diferencia de la fracción del *Arcotangente* que no tiene este signo negativo de la fórmula.

33) Derivada de la función trigonométrica inversa ($ArcSec(v)$):

$$\boxed{\frac{d}{dx}(ArcSec(v)) = \frac{\frac{dv}{dx}}{v\sqrt{v^2 - 1}}}$$

La derivada de esta función da como resultado una fracción, donde derivas el argumento del *Arcosecante* dividido por su argumento que le multiplica a la raíz del argumento al cuadrado menos (1), es decir, $(\sqrt{v^2 - 1})$.

Ejemplo 36:

$$y = ArcSec(x)$$

$$y' = \frac{(x)'}{x\sqrt{x^2 - 1}}$$

$$\boxed{y' = \frac{1}{x\sqrt{x^2-1}}.}$$

Análisis:

$y = ArcSec(x)$. Función a derivar.

$y' = \frac{1}{x\sqrt{x^2-1}}$. Resultado.

Entonces vas a derivar (x) por ser el argumento de *Arcosecante* y lo divides por el argumento (x) que lo multiplicarás por la raíz de $(x^2 - 1)$.

34) Derivada de la función trigonométrica inversa $(ArcCscv)$:

$$\boxed{\frac{d(ArcCsc(v))}{dx} = -\frac{\frac{dv}{dx}}{v\sqrt{v^2 - 1}}}$$

El resultado arrojará una fracción negativa, donde derivas el argumento del *Arcocosecante* y lo divides por el argumento del *Arcocosecante* y lo multiplicarás por la raíz de su argumento al cuadrado menos 1, es decir $v\sqrt{v^2 - 1}$.

Ejemplo 37:

$$y = ArcCsc(x)$$

$$y' = -\frac{(x)'}{x\sqrt{x^2 - 1}}$$

$$y' = -\frac{1}{x\sqrt{x^2 - 1}}$$

Análisis:

$y = ArcCsc(x)$. Función a derivar.

$y' = -\frac{1}{x\sqrt{x^2-1}}$. Resultado.

Colocas el signo negativo de la función. Derivas el argumento y lo divides por el argumento que le multiplicará a la raíz del argumento al cuadrado menos (1).

35) Derivada de la función exponencial (con exponente negativo):

$$\boxed{\frac{d(e^{-v})}{dx} = -e^{-v}\frac{dv}{dx}}$$

Cuando la base es (e) y su exponente es negativo, colocas la base negativa también, o lo que es lo mismo multiplicas a (e) por un signo negativo.

Ejemplo 38:

$$y = e^{-2x}$$

$$y' = e^{-2x}(-2x)'$$

$$y' = e^{-2x}(-2)$$

$$y' = -2e^{-2x}.$$

Análisis:

$y = e^{-2x}$. Función a derivar.

$y' = -2e^{-2x}$. Resultado.

Le coloqué $(2x)$ como exponente a la función, para que veas lo que sucede con el (2) durante la solución del ejemplo y lo comprendas mejor.

Entonces colocarás (e) con su mismo exponente y lo multiplicarás por la derivada de su exponente incluyéndole siempre el signo negativo.

36) Derivada de una función exponencial compuesta que le multiplica a una constante:

$$\frac{d(cu^n)}{dx} = cnu^{n-1}\frac{du}{dx}$$

Donde, (C) es una constante, (u) es una función compuesta y (n) es un número real cualquiera, el cual será el exponente de la función (u).

Lo que harás es bajar el exponente (n) que le multiplicará a la constante (C) y a la función (u), y le restarás (1) al exponente a la función (u). Luego lo multiplicas por la derivada de la función compuesta (u).

Veamos el siguiente ejemplo:

Ejemplo 39:

$$y = 5(4x + 3)^3$$

$$y' = 5(4x + 3)^{3'}(4x + 3)'$$

$$y' = 5(3)(4x + 3)^{3-1}(4)$$

$$y' = 60(4x + 3)^2.$$

Análisis:

$y = 5(4x + 3)^3$. Función a derivar.

$y' = 60(4x + 3)^2$. Resultado.

$n = 3$. Exponente.

$u = (4x + 3)$. Función compuesta.

$C = 5$. Constante

Multiplicarás la constante (5) por el valor de (n) y por la función $(4x + 3)$ a la cual le restarás (1) a su exponente y luego a este producto le multiplicarás la derivada de la función $(4x + 3)$.

37) Derivada de una función que contenga raíz:

$$\frac{d(\sqrt{v})}{dx} = \frac{1}{2\sqrt{v}}\frac{dv}{dx}$$

Donde $(v > 0)$.

Da como resultado una fracción, donde el numerador es el exponente de la función (v), y el denominador será el producto del índice de raíz por la raíz.

Ejemplo 40:

$$y = \sqrt{x}$$

$$y' = (x)^{\frac{1}{2}}$$

$$y' = \frac{1}{2}(x)^{\frac{1}{2}-1}$$

$$y' = \frac{1}{2}(x)^{-\frac{1}{2}}$$

$$y' = \frac{1}{2(x)^{\frac{1}{2}}}$$

$$y' = \frac{1}{2\sqrt{x}}.$$

Análisis:

$y = \sqrt{x}$. Función a derivar.

$y' = \frac{1}{2\sqrt{x}}$. Resultado.

La función (x) se expresa con su exponente fraccionario $\left(\frac{1}{2}\right)$, que indicará el valor de la raíz, tal como lo dice la ley de los exponentes. Al expresarlo como exponente fraccionario ayuda a tener mejor visión del procedimiento a seguir. Luego bajas el exponente $\left(\frac{1}{2}\right)$ como coeficiente de la función, además le restarás (1) al exponente de la función una vez que se ha ubicado el exponente $\left(\frac{1}{2}\right)$ como coeficiente. Al realizar las respectivas operaciones podrás notar, que la función (x) queda con exponente negativo, lo ubicarás como denominador para que su exponente quede positivo y transformas su exponente fraccionario en raíz, dando como resultado $y' = \frac{1}{2\sqrt{x}}$.

Ejemplo 41:

$$y = \sqrt{5x}$$

$$y' = (5x)^{\frac{1}{2}'}(5x)' \longrightarrow \text{Derivada interna } (5x)'$$

$$y' = \frac{1}{2}(5x)^{\frac{1}{2}-1}(5)$$

$$y' = \frac{5}{2}(5x)^{-\frac{1}{2}}$$

$$y' = \frac{5}{2(5x)^{\frac{1}{2}}}$$

$$\boxed{y' = \frac{5}{2\sqrt{5x}}.}$$

Análisis:

$y = \sqrt{5x}$. Función a derivar.

$y' = \frac{5}{2\sqrt{5x}}$. **Resultado.**

En este caso la función contiene una constante (5). Aplicas el mismo procedimiento que el ejemplo anterior, la diferencia es que multiplicarás la derivada del exponente de la función por la derivada interna de $(5x)$.

Otra forma de resolverla sería:

$$y = \sqrt{5x}$$

$$y' = (5x)^{\frac{1}{2}'}(5x)' \longrightarrow \text{Derivada interna } (5x)'$$

$$y' = \frac{1}{2}(5x)^{\frac{1}{2}-1}(5)$$

$$y' = \frac{5}{2}(5x)^{-\frac{1}{2}}$$

$$y' = \frac{5}{2(5x)^{\frac{1}{2}}}$$

$$y' = \frac{5}{2\sqrt{5x}} \qquad \frac{5}{2\sqrt{5}\sqrt{x}} \; = \; \frac{5.5^{-\frac{1}{2}}}{2\sqrt{x}} \; = \; \frac{5^{\left(\frac{2-1}{2}\right)}}{2\sqrt{x}} \; = \; \frac{5^{\frac{1}{2}}}{2\sqrt{x}}$$

Separa raíces. | Sube $\sqrt{5}$ como $5^{-\frac{1}{2}}$ | Suma los exponentes de (5) que se están multiplicando, por ser de igual base (Ley de los exponentes)

$$\frac{\sqrt{5}}{2\sqrt{x}}.$$

Esta ultima forma de resolver esta función, es muy usado en casos de simplificación, cuando se resuelven integrales muy compuestas e incluso en derivadas.

Por esto es importante tener destreza y dominio para simplificar, teniendo conocimiento de las diferentes formas en que podemos darle respuesta a una función sin tener que alterar su resultado. Por ende, conocer las diferentes leyes y propiedades matemáticas anexadas en este libro, te ayudarán, para aplicar artificios necesarios al resolver una función, ya sea derivándola o integrándola.

38) Derivada del Seno Hiperbólico ($Senh\ (v)$):

$$\frac{d(Senh\ (v))}{dx} = Cosh(v)\frac{dv}{dx}$$

39) Derivada del Coseno Hiperbólico ($Cosh\ (v)$):

$$\frac{d(Cosh(v))}{dx} = Senh\ (v)\frac{dv}{dx}$$

40) Derivada de la Tangente Hiperbólica ($Tgh\ (v)$):

$$\frac{d(Tgh\ (v))}{dx} = Sech^2(v)\frac{dv}{dx}$$

41) Derivada de la Cotangente Hiperbólica ($Ctgh(v)$):

$$\frac{d(Ctgh\ (v))}{dx} = -Csch^2(v)\frac{dv}{dx}$$

42) Derivada de la Secante Hiperbólica ($Sech\ (v)$):

$$\frac{d(Sech\ (v))}{dx} = -Sech\ (v)\ Tgh\ (v)\frac{dv}{dx}$$

43) Derivada de la Cosecante Hiperbólica ($Csch$ (v)):

$$\frac{d(Csch\ (v))}{dx} = -Csch\ (v)Ctgh\ (v)\frac{dv}{dx}$$

44) Derivada del Seno Hiperbólico inverso ($Senh^{-1}v$):

$$\frac{d(Senh^{-1}\ (v))}{dx} = \frac{\frac{dv}{dx}}{\sqrt{v^2+1}}$$

45) Derivada del Coseno Hiperbólico inverso ($Cosh^{-1}(v)$):

$$\frac{d(Cosh^{-1}(v))}{dx} = \frac{\frac{dv}{dx}}{\overset{+}{\underset{-}{\sqrt{v^2-1}}}} \qquad (v > 1)$$

46) Derivada de la Tangente Hiperbólica inversa ($Tgh^{-1}(\ )v$)

$$\frac{d(Tgh^{-1}(\ )v)}{dx} = \frac{\frac{dv}{dx}}{1-v^2} \qquad (v^2 < 1)$$

Ahora que ya tienes conocimientos de los pasos a seguir para derivar las funciones, les presento a continuación una serie de derivadas previamente resueltas, además algunos ejercicios incluyen gráficas para que visualices mejor las funciones, y contiene funciones complejas donde se aplicará la regla de la cadena o lo que es lo mismo la derivada (22) de este libro:

Ejercicios y derivadas elementales y complejas

Ejercicio 1:

$$y = x^4 + 3x^2 - 2x + 2$$

$$y' = 4x^{4-1} + 3.2x^{2-1} - 2x^{1-1} + 0$$

$$y' = 4x^3 + 6x^1 - 2x^0$$

$$y' = 4x^3 + 6x - 2.$$

Gráfica de la derivada ($y' = 4x^3 + 6x - 2$) en 2D:
Usé un rango del área a plotear de:

	Mínimo	Máximo
x	-2	2
y	-86	84

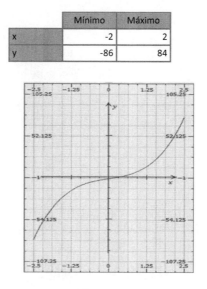

Gráfica de la derivada ($y' = 4x^3 + 6x - 2$) en 3D:
Usé un rango del área a plotear de:

73

	Mínimo	Máximo
x	-2	2
y	-56	53
z	-2	2

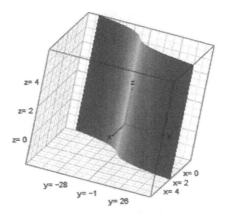

Ejercicio 2:

$$y = \frac{1}{3} + \frac{1}{2}x - x^2 - 0{,}6x^5$$

$$y' = -0{,}6x^{5\prime} - x^{2\prime} + \frac{1}{2}x' + \frac{1}{3}^{\prime}$$

$$y' = -0{,}6(5)x^{5-1} - 2x^{2-1} + \frac{1}{2}(1) + \frac{1}{3}$$

$$y' = -3{,}0x^4 - 2x^1 + \frac{1}{2} + 0$$

$$y' = -3{,}0x^4 - 2x + \tfrac{1}{2}.$$

74

Gráfica de la derivada $(y' = -3{,}0x^4 - 2x + \frac{1}{2})$ en 2D:

Usé un rango del área a plotear de:

	Mínimo	Máximo
x	-2	2
y	-70	25

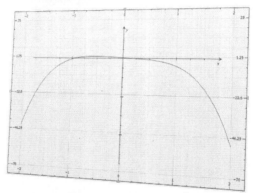

Gráfica de la derivada $(y' = -3{,}0x^4 - 2x + \frac{1}{2})$ en 3D:

Usé un rango del área a plotear de:

	Mínimo	Máximo
x	-2	2
y	-58	8
z	-2	2

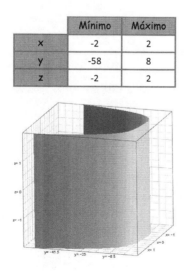

Ejercicio 3:

$$y = ax^2 + bx + c$$

$$y' = a(2)x^{2-1} + b(1) + 0$$

$$y' = 2ax + b.$$

Ejercicio 4:

$$y = -\frac{4x^2}{a}$$
$$y = -\frac{4x^2}{a}$$

$$y' = -\frac{4(2)x^{2-1}}{a}$$

$$y' = -\frac{8x}{a}.$$

Gráfica de la derivada ($y' = -\frac{8x}{a}$) en 2D:
Usé un rango del área a plotear de:

	Mínimo	Máximo
x	-2	2
y	-32	32

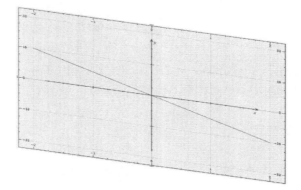

Gráfica de la derivada $(y' = -\frac{8x}{a})$ en 3D:

Usé un rango del área a plotear de:

	Mínimo	Máximo
x	-2	2
y	-20	20
z	-2	2

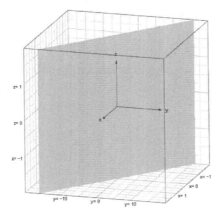

Ejercicio 5:

$$y = pz^m + gz^{m+n}$$

$$y = p(m)z^{m-1} + g(m+n)z^{m+n-1}$$

En este ejercicio la (z) es la función derivable. Es decir, $(p, m, g$ y $n)$ cumplen la función de constantes.

Ejercicio 6:

$$y = 2x^{\frac{3}{4}} + 5x^{\frac{1}{2}} - x^{-2}$$

$$y = 2.\left(\frac{3}{4}\right)x^{\frac{3}{4}-1} + 5.\left(\frac{1}{2}\right)x^{\frac{1}{2}-1} - (-2)x^{-2-1}$$

$$y' = \frac{3}{2}x^{-\frac{1}{4}} + \frac{5}{2}x^{-\frac{1}{2}} + 2x^{-3}$$

$$y' = \frac{3}{2x^{\frac{1}{4}}} + \frac{5}{2x^{\frac{1}{2}}} + \frac{2}{x^3}$$

$$y' = \frac{3}{2\sqrt[4]{x}} + \frac{5}{2\sqrt{x}} + \frac{2}{x^3}$$

No olvides, que al bajar los exponentes de las funciones como coeficientes, deben bajarse con su respectivo signo.

Gráfica de la derivada ($y' = \frac{3}{2\sqrt[4]{x}} + \frac{5}{2\sqrt{x}} + \frac{2}{x^3}$) en 2D:
Usé un rango del área a plotear de:

	Mínimo	Máximo
x	-2	2
y	-130	402

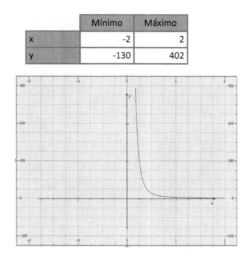

Gráfica de la derivada $y' = \frac{3}{2\sqrt[4]{x}} + \frac{5}{2\sqrt{x}} + \frac{2}{x^3}$, en 3D. Usé un rango del área a plotear de:

	Mínimo	Máximo
x	-2	2
y	-2	2
z	-25	255

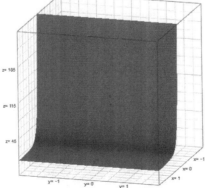

Ejercicio 7:

$$y = x^3 \sqrt[4]{x^3}$$

$$y' = (x^3)x^{\frac{3}{4}}$$

$$y' = (x^3)'x^{\frac{3}{4}} + (x)^3 x^{\frac{3}{4}'}$$

$$y' = 3(x^{3-1})x^{\frac{3}{4}} + (x)^3 \left(\frac{3}{4}\right)x^{\frac{3}{4}-1}$$

$$y' = 3x^2 x^{\frac{3}{4}} + \left(\frac{3}{4}\right)x^3 x^{-\frac{1}{4}}$$

$$y' = 3x^{\frac{11}{4}} + \frac{3}{4}x^{\frac{11}{4}}$$

$$y' = 3x^{\frac{11}{4}}\left(1 + \frac{1}{4}\right)$$

$$y' = 3x^{\frac{11}{4}}\left(\frac{5}{4}\right)$$

$$y' = \frac{15}{4}x^{\frac{11}{4}}$$

Fíjate que son dos funciones multiplicándose, por lo que aplico la derivada del producto de funciones derivables. Pero también son dos funciones de igual base y que aplicándole la ley de los exponentes se puede sumar sus exponentes y colocar igual base.

Por lo tanto la siguiente forma es otra manera de resolver esta función:

$$y = x^3\sqrt[4]{x^3}$$

$$y' = x^3 x^{\frac{3}{4}}$$

$$y' = x^{3+\frac{3}{4}}$$

$$y' = x^{\frac{15}{4}}$$

$$y' = \frac{15}{4} x^{\frac{15}{4}-1}$$

$$y' = \frac{15}{4} x^{\frac{11}{4}}$$

Es más fácil este segundo procedimiento, solo sumas los exponentes de igual base y aplicas la derivada (7), es decir, $\frac{d}{dx}(x)^n = nx^{n-1}$.

Lo hice de las dos formas posibles para que compares la diferencia y apliques el que más te convenga.

Gráfica de la derivada ($y' = \frac{15}{4}x^{\frac{11}{4}}$.) en 2D:
Usé un rango del área a plotear de:

	Mínimo	Máximo
x	-2	2
y	-12	35

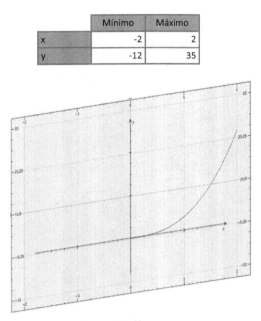

Gráfica de la derivada $(y' = \frac{15}{4} x^{\frac{11}{4}})$ en 3D:

Usé un rango del área a plotear de:

	Mínimo	Máximo
x	-2	2
y	-2	2
z	-25	255

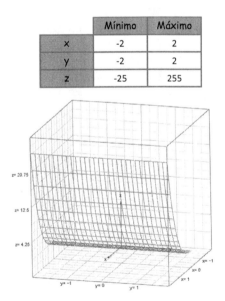

Ejercicio 8:

$$y = \frac{1 + \sqrt{m}}{1 - \sqrt{m}}$$

$$y' = \frac{\left(1 + \sqrt{m}\right)'\left(1 - \sqrt{m}\right) - \left(1 + \sqrt{m}\right)\left(1 - \sqrt{m}\right)'}{\left(1 - \sqrt{m}\right)^2}$$

$$y' = \frac{\left(1 + m^{\frac{1}{2}}\right)'\left(1 - m^{\frac{1}{2}}\right) - \left(1 + m^{\frac{1}{2}}\right)\left(1 - m^{\frac{1}{2}}\right)'}{\left(1 - \sqrt{m}\right)^2}$$

$$y' = \frac{\frac{1}{2}m^{\frac{1}{2}-1}\left(1 - m^{\frac{1}{2}}\right) - \left(1 + m^{\frac{1}{2}}\right)\left(-\frac{1}{2}m^{\frac{1}{2}-1}\right)}{\left(1 - \sqrt{m}\right)^2}$$

$$y' = \frac{\frac{1}{2}m^{\frac{1}{2}-1}\left(1 - m^{\frac{1}{2}}\right) + \left(\frac{1}{2}m^{-\frac{1}{2}}\right)\left(1 + m^{\frac{1}{2}}\right)}{\left(1 - \sqrt{m}\right)^2}$$

$$y' = \frac{\frac{\left(1 - m^{\frac{1}{2}}\right)}{2m^{1/2}} + \frac{\left(1 + m^{\frac{1}{2}}\right)}{2m^{1/2}}}{\left(1 - \sqrt{m}\right)^2}$$

$$y' = \frac{\frac{1}{2m^{1/2}}\left[\left(1 - m^{\frac{1}{2}}\right) + \left(1 + m^{\frac{1}{2}}\right)\right]}{\left(1 - \sqrt{m}\right)^2}$$

$$y' = \frac{1}{2\sqrt{m}}\left(\frac{1 - m^{\frac{1}{2}} + 1 + m^{\frac{1}{2}}}{\left(1 - \sqrt{m}\right)^2}\right)$$

$$y' = \frac{1}{2\sqrt{m}}\left(\frac{2}{\left(1 - \sqrt{m}\right)^2}\right)$$

$$y' = \frac{1}{\sqrt{m}} \left(\frac{1}{(1-\sqrt{m})^2} \right)$$

$$y' = \frac{1}{\sqrt{m}(1-\sqrt{m})^2}$$

Ejercicio 9:

$$y = \frac{bx^6 + c}{\sqrt{a^2 + b^2}}$$

$$y' = \frac{(bx^6)' + (c)'}{\sqrt{a^2 + b^2}}$$

$$y = \frac{6bx^{6-1} + 0}{\sqrt{a^2 + b^2}}$$

$$y = \frac{6bx^5}{\sqrt{a^2 + b^2}}$$

Se aplica la derivada (9) por ser una fracción, donde el numerador es una función derivable y el denominador es una constante. Se puede apreciar que $(b, c$ y $a)$ son constantes.

Ejercicio 10:

$$y = \frac{m}{\sqrt[3]{x^2}} - \frac{n}{x\sqrt[3]{x}}$$

$$y' = \frac{m}{x^{\frac{2}{3}}} - \frac{n}{x^{\frac{4}{3}}}$$

$$y' = mx^{-\frac{2}{3}} - nx^{-\frac{4}{3}} \longrightarrow$$ Subes las (x) con

exponente negativo y aplicas la derivada (7) para cada fracción.

$$y' = -\frac{2}{3}mx^{-\frac{2}{3}-1} - \left(-\frac{4}{3}\right)nx^{-\frac{4}{3}-1}$$

$$y' = -\frac{2}{3}mx^{-\frac{5}{3}} + \frac{4}{3}nx^{-\frac{7}{3}}.$$

$$y' = \frac{4}{3}nx^{-\frac{7}{3}} - \frac{2}{3}mx^{-\frac{5}{3}}$$

$$y' = \frac{4}{3}\left(nx^{-\frac{7}{3}} - \frac{1}{2}mx^{-\frac{5}{3}}\right)$$ → Si deseas puedes sacar factor común $\frac{4}{3}$.

$$y' = \frac{4}{3}\left(\frac{n}{x^{\frac{7}{3}}} - \frac{m}{2x^{\frac{5}{3}}}\right)$$ → Baja las (x) para que quede su exponente positivo.

$$y' = \frac{4}{3}\left(\frac{n}{\sqrt[3]{x^7}} - \frac{m}{2\sqrt[3]{x^5}}\right)$$ → Transforma los exponentes en raíces

$$y' = \frac{4}{3}\left(\frac{n}{\sqrt[3]{x.x^3.x^3}} - \frac{m}{2\sqrt[3]{x^3.x^2}}\right)$$ → Simplifica las raíces según las propiedades de los exponentes.

$$y' = \frac{4}{3}\left(\frac{n}{x^2\sqrt[3]{x}} - \frac{m}{2x\sqrt[3]{x^2}}\right).$$

Ejercicio 11:

$$y = \frac{b+cx}{d+ex}$$

$$y' = \frac{(b+cx)'(d+ex)-(d+ex)'(b+cx)}{(d+ex)^2}$$ → Aplicas la derivada (8).

$$y' = \frac{c(d+ex)-e(b+cx)}{(d+ex)^2}$$

$$y' = \frac{cd + cex - eb - cex}{(d + ex)^2}$$

$$y' = \frac{cd - eb}{(d + ex)^2}$$

Ejercicio 12:

$$y = \frac{x + 2}{x^2 - 4x + 5}$$

$$y' = \frac{(x + 2)'(x^2 - 4x + 5) - (x^2 - 4x + 5)'(x + 2)}{(x^2 - 4x + 5)^2}$$

$$y' = \frac{(1)(x^2 - 4x + 5) - (2x - 4)(x + 2)}{(x^2 - 4x + 5)^2}$$

$$y' = \frac{x^2 - 4x + 5 - (2x^2 + 4x - 4x - 8)}{(x^2 - 4x + 5)^2}$$

$$y' = \frac{x^2 - 4x + 5 - 2x^2 + 8}{(x^2 - 4x + 5)^2}$$

$$y' = \frac{-x^2 - 4x + 13}{(x^2 - 4x + 5)^2}$$

Ejercicio 13:

$$y = \frac{\pi}{x} + Ln2$$

$$y' = \pi(x)^{-1} + Ln2$$

$$y' = \pi(-1)(x)^{-1-1} + \frac{(2)'}{2}$$

$$y' = -\pi(x)^{-2} + 0$$

$$y' = -\frac{\pi}{x^2}.$$

Para la primera función aplicas la derivada (7) y para la seugunda aplicas la derivada (10). La derivada de la segunda fracción dará como resultado cero(0), ya que según el procedimiento para esta función al derivar una constante cancela de inmediato la fracción.

Gráfica de la derivada $(y' = -\frac{\pi}{x^2})$ en 2D:
Usé un rango del área a plotear de:

	Mínimo	Máximo
x	-2	2
y	-139	45

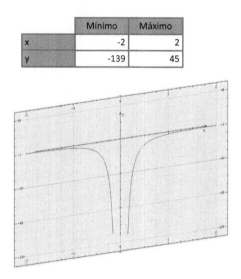

Gráfica de la derivada ($y' = -\frac{\pi}{x^2}$) en 3D:

Usé un rango del área a plotear de:

	Mínimo	Máximo
X	-2	2
y	-2	2
z	-98	10

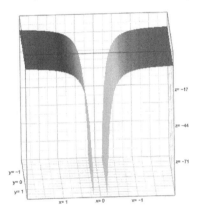

Ejercicio 14:

$$y = \sqrt{2x} + \sqrt[3]{x} + \frac{1}{x^2}$$

$y' = \sqrt{2}\sqrt{x} + \sqrt[3]{x} + \frac{1}{x^2}$ $\longrightarrow$ Recuerda que según

la ley del exponente$\sqrt{2}\sqrt{x} = \sqrt{2x}$

$$y' = \sqrt{2}x^{\frac{1}{2}} + x^{\frac{1}{3}} + x^{-2}$$

$$y' = \sqrt{2}\left(\frac{1}{2}\right)x^{\frac{1}{2}-1} + \left(\frac{1}{3}\right)x^{\frac{1}{3}-1} + (-2)x^{-2-1}$$

$$y' = \frac{\sqrt{2}}{2}x^{-\frac{1}{2}} + \frac{1}{3}x^{-\frac{2}{3}} - 2x^{-3}$$

$$y' = \frac{\sqrt{2}}{2x^{\frac{1}{2}}} + \frac{1}{3x^{\frac{2}{3}}} - \frac{2}{x^3}$$

$$y' = \frac{\sqrt{2}}{2\sqrt{x}} + \frac{1}{3\sqrt[3]{x^2}} - \frac{2}{x^3}$$

Aplica la derivada (7) para cada función.

Te recomiendo que subas las funciones al numerador con exponente fraccionario y su respectivo signo. Luego al resolver las operaciones respectivas ubicas las funciones de manera que queden sus exponentes positivos.

Gráfica de la derivada ($y' = \frac{\sqrt{2}}{2\sqrt{x}} + \frac{1}{3\sqrt[3]{x^2}} - \frac{2}{x^3}$) en 2D:

Usé un rango del área a plotear de:

	Mínimo	Máximo
x	-2	2
y	-103	35

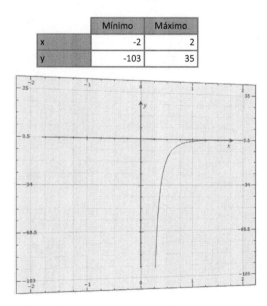

89

Gráfica de la derivada $(y' = \frac{\sqrt{2}}{2\sqrt{x}} + \frac{1}{3\sqrt[3]{x^2}} - \frac{2}{x^3})$ en 3D:

Usé un rango del área a plotear de:

	Mínimo	Máximo
x	-2	2
y	-2	2
z	-103	12

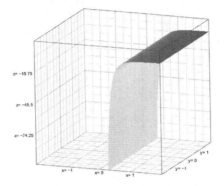

Ejercicio 15:

$$y = (1 + 4x^3)(1 + 2x^2)$$

$$y' = (1 + 4x^3)'(1 + 2x^2) + (1 + 4x^3)(1 + 2x^2)'$$

$$y' = (0 + 4.3x^{3-1})(1 + 2x^2) + (1 + 4x^3)(0 + 2.2x^{2-1})$$

$$y' = 12x^2(1 + 2x^2) + 4x(1 + 4x^3)$$

$$y' = 12x^2 + 24x^4 + 4x + 16x^4$$

$$y' = 40x^4 + 12x^2 + 4x$$

$$y' = 4x(10x^3 + 3x + 1).$$ → Factor común $(4x)$

Aplicas la derivada (5) y (7). Porque las funciones se estaban multiplicando y contenían exponentes mayores a (1).

En la derivada del producto, la primera función la derivas multiplicandola por la segunda sin derivar y sumas el producto de la derivada de la segunda función multiplicandola por la primera función sin derivar.

Al derivar funciones, hay casos en los que se pueden aplicar varias derivadas.

Te puedo sugerir una forma más rápida y fácil de resolver este ejercicio:

$$y = (1 + 4x^3)(1 + 2x^2)$$ ⟶ Multiplica términos

$$y' = 1 + 2x^2 + 4x^3 + 8x^5$$ ⟶ Aplica derivada (5)

$$y' = 0 + (2)2x^{2-1} + 4(3)x^{3-1} + 8.5^{5-1}$$

$$y' = 4x + 12x^2 + 40x^4$$

$$y' = 4x(1 + 3x + 10x^3).$$

Se aplicó factor común $(4x)$.

Gráfica de la derivada ($y' = 4x(1 + 3x + 10x^3)$) en 2D:
Usé un rango del área a plotear de:

	Mínimo	Máximo
x	-2	2
y	-321	962

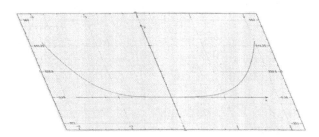

Gráfica de la derivada ($y' = 4x(1 + 3x + 10x^3)$) en 3D:
Usé un rango del área a plotear de:

	Mínimo	Máximo
x	-2	2
y	-2	2
z	-87	777

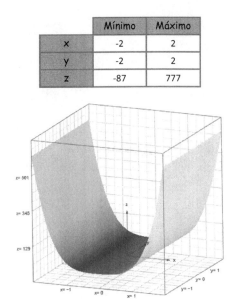

Ejercicio 16:

$$y = x(2x - 1)(3x + 2)$$

$$y = (2x^2 - x)(3x + 2)$$

$$y = 6x^3 + 4x^2 - 3x^2 - 2x$$

$$y = 6x^3 + x^2 - 2x$$

$$y' = 6(3)x^{3-1} + 2x^{2-1} - 2(1)$$

$$y' = 18x^2 + 2x - 2$$

$$y' = 2(9x^2 + x - 1).$$

Se aplicó la forma más fácil de resolver este ejercicio, la cual es multiplicar los términos y aplicarle la derivada (7). Se tomó como factor común (2).

Gráfica de la derivada $(y' = 2(9x^2 + x - 1))$ en 2D. Usé un rango del área a plotear de:

	Mínimo	Máximo
x	-2	2
y	-38	106

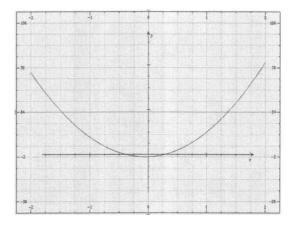

Gráfica de la derivada ($y' = 2(9x^2 + x - 1)$) en 3D. Usé un rango del área a plotear de:

	Mínimo	Máximo
x	-2	2
y	-12	84
z	-2	2

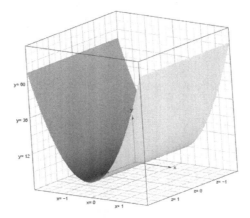

Ejercicio 17:

$$y = (2x - 1)(x^2 - 6x + 3)$$

$$y = 2x^3 - 12x^2 + 6x - x^2 + 6x - 3$$

$$y = 2x^3 - 13x^2 + 12x - 3$$

$$y' = 2(3)x^{3-1} - 13(2)x^{2-1} + 12 - 0$$

$$y' = 6x^2 - 26x + 12.$$

$$y' = 2(3x^2 - 13x + 6).$$

Gráfica de la derivada ($y' = 2(3x^2 - 13x + 6)$) en 2D:
Usé un rango del área a plotear de:

	Mínimo	Máximo
x	-2	2
y	-68	138

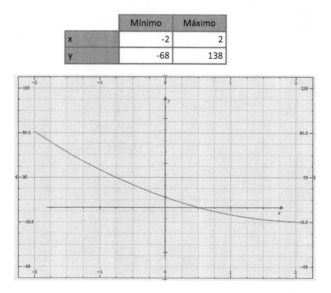

Gráfica de la derivada ($y' = 2(3x^2 - 13x + 6)$) en 3D:
Usé un rango del área a plotear de:

	Mínimo	Máximo
x	-2	2
y	-29	101
z	-2	2

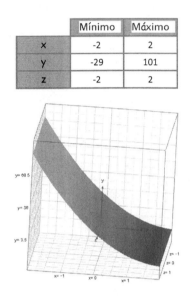

Ejercicio 18:

$$y = \frac{a - t}{a + t}$$

$$y' = \frac{(a - t)'(a + t) - (a + t)'(a - t)}{(a + t)^2}$$

$$y' = \frac{(-1)(a+t) - (a-t)(1)}{(a+t)^2} \quad \longrightarrow \text{Multiplica términos}$$

$$y' = \frac{-a - t - a + t}{(a + t)^2}$$

$$y' = -\frac{2a}{(a+t)^2}$$

Aplica la derivada (8).

Ejercicio 19:

$$y = \frac{m^3}{1 + m^2}$$

$$y' = \frac{(m^3)'(1 + m^2) - (m^3)(1 + m^2)'}{(1 + m^2)^2}$$

$$y' = \frac{3(m^{3-1})(1 + m^2) - (m^3)(0 + 2m^{2-1})}{(1 + m^2)^2}$$

$$y' = \frac{3(m^2)(1 + m^2) - 2m(m^3)}{(1 + m^2)^2}$$

$$y' = \frac{3m^2 + 3m^4 - 2m^4}{(1 + m^2)^2}$$

$$y' = \frac{3m^2 + m^4}{(1 + m^2)^2}$$

$$y' = \frac{m^2(3 + m^2)}{(1 + m^2)^2}$$

Se sacó factor común m^2.

Ejercicio 20:

$$y = \frac{(f + 4)^2}{f + 3}$$

$$y' = \frac{(f+4)^{2'}(f+3) - (f+4)^2(f+3)'}{(f+3)^2} \quad \longrightarrow \quad \text{Aplica derivada (8)}$$

$$y' = \frac{2(f+4)^{2-1}(f+3) - (f+4)^2(1)}{(f+3)^2} \quad \longrightarrow \quad \text{Aplicar derivada (5) a las funciones}$$

$$y' = \frac{2(f+4)(f+3) - (f+4)^2}{(f+3)^2}$$

$$y' = \frac{2(f^2 + 3f + 4f + 12) - (f^2 + 8f + 16)}{(f+3)^2}$$

$$y' = \frac{2f^2 + 6f + 8f + 24 - f^2 - 8f - 16}{(f+3)^2}$$

$$y' = \frac{f^2 + 6f + 8}{(f+3)^2}$$

$$y' = \frac{(f+2)(f+4)}{(f+3)^2}$$

La suma de términos $(f^2 + 6f + 8)$ es igual a $(f+2)(f+4)$, es recomendable aplicar descomposición factorial. Al final del libro están todas las formas de descomposición factorial. Te explico este procedimiento:

Trinomio cuadrado perfecto: Buscas dos números que sumados te den 6 y que al multiplicarlos te den 8.

$2 + 4 = 6 \longrightarrow (f+2)$
$2 . 4 = 8 \longrightarrow (f+4)$

Consejo:

Es necesario que el estudiante aprenda todos los métodos de factorización, ya que ayuda en muchas soluciones matemáticas, fundamentalmente al simplificar.

Ejercicio 21:

$$y = \frac{n^3 + 1}{n^2 - n - 2}$$

$$y' = \frac{(n^3 + 1)'(n^2 - n - 2) - (n^2 - n - 2)'(n^3 + 1)}{(n^2 - n - 2)^2}$$

$$y' = \frac{(3n^{3-1} + 0)(n^2 - n - 2) - (2n^{2-1} - 1 + 0)(n^3 + 1)}{(n^2 - n - 2)^2}$$

$$y' = \frac{3n^2(n^2 - n - 2) - (2n - 1)(n^3 + 1)}{(n^2 - n - 2)^2}$$

$$y' = \frac{3n^4 - 3n^3 - 6n^2 - (2n^4 + 2n - n^3 - 1)}{(n^2 - n - 2)^2}$$

$$y' = \frac{3n^4 - 3n^3 - 6n^2 - 2n^4 - 2n + n^3 + 1}{(n^2 - n - 2)^2}$$

$$y' = \frac{n^4 - 2n^3 - 6n^2 - 2n + 1}{(n^2 - n - 2)^2}$$

Se aplicó la derivada (8).

Ejercicio 22:

$$y = \frac{z^m}{z^n - k^n}$$

$$y' = \frac{z^{m'}(z^n - k^n) - (z^n - k^n)'(z^m)}{(z^n - k^n)^2}$$

$$y' = \frac{mz^{m-1}(z^n - k^n) - (nz^{n-1})(z^m)}{(z^n - k^n)^2}$$

$$y' = \frac{mz^{m-1+n} - mz^{m-1}k^n - nz^{m-1+n}}{(z^n-k^n)^2}$$

$$y' = \frac{z^{m-1}(mz^n - mk^n - nz^n)}{(z^n-k^n)^2}$$

$$y' = \frac{z^{m-1}[z^n(m-n)-mk^n]}{(z^n-k^n)^2}$$

Aplica la derivada (8).

Identifica las constantes. En este caso son: m, n y k.

Saca factor común z^{m-1}.

Dentro de los corchetes [ ] se factorizó el resultado.

Ejercicio 23:

$$y = \sqrt{x^2 + a^2}$$

$$y' = (x^2 + a^2)^{\frac{1}{2}'}(x^2 + a^2)'$$

$$y' = \frac{1}{2}(x^2 + a^2)^{\frac{1}{2}-1}(2x)$$

$$y' = x(x^2 + a^2)^{-\frac{1}{2}}$$

$$y' = \frac{x}{(x^2 + a^2)^{\frac{1}{2}}}$$

$$y' = \frac{x}{\sqrt{x^2+a^2}}$$

Aplicas la derivada (5).

Transformas las raíces en exponentes fraccionarios.

Procedes a derivar.

Simplifica.

Baja la función con exponente negativo para cambiarlo a positivo y transformas el exponente fraccionario en raíz.

Ejercicio 24:

$$y = (a + x)\sqrt{a - x}$$

$$y = (a + x)(a - x)^{\frac{1}{2}}$$

$$y' = (a + x)'(a - x)^{\frac{1}{2}} + (a - x)^{\frac{1}{2}'}(a - x)'(a + x)$$

$$y' = (1)(a - x)^{\frac{1}{2}} + \frac{1}{2}(a - x)^{\frac{1}{2}-1}(-1)(a + x)$$

$$y' = (a - x)^{\frac{1}{2}} - \frac{1}{2}(a - x)^{-\frac{1}{2}}(a + x)$$

$$y' = (a - x)^{\frac{1}{2}} - \frac{(a + x)}{2(a - x)^{\frac{1}{2}}}$$

$$y' = \sqrt{a - x} - \frac{(a + x)}{2\sqrt{a - x}}$$

$$y' = \frac{2(\sqrt{a - x})^2 - (a + x)}{2\sqrt{a - x}}$$ → Multiplica en cruz el paso anterior a este

$$y' = \frac{2(a - x) - (a + x)}{2\sqrt{a - x}}$$

$$y' = \frac{2a - 2x - a - x}{2\sqrt{a - x}}$$

$$y' = \frac{a - 3x}{2\sqrt{a - x}}$$

$$y' = -\frac{(3x-a)}{2\sqrt{a-x}}$$

Aplica la derivada (5).

Luego se aplica la derivada (7).

Ubica los exponentes fraccionarios y los que no son fraccionarios, de manera que queden positivos, una vez realizadas todas las operaciones respectivas.

Multiplica términos.

Suma términos.

Ejercicio 25:

$$y = \sqrt{\frac{1 + x}{1 - x}}$$

$$y = \left(\frac{1 + x}{1 - x}\right)^{\frac{1}{2}}$$

$$y' = \left(\frac{1 + x}{1 - x}\right)^{\frac{1}{2}'} \left(\frac{1 + x}{1 - x}\right)'$$

$$y' = \frac{1}{2}\left(\frac{1 + x}{1 - x}\right)^{\frac{1}{2}-1} \frac{(1 + x)'(1 - x) - (1 + x)(1 - x)'}{(1 - x)^2}$$

$$y' = \frac{1}{2}\left(\frac{1 + x}{1 - x}\right)^{-\frac{1}{2}} \frac{(1)(1 - x) - (1 + x)(-1)}{(1 - x)^2}$$

$$y' = \frac{1}{2}\left(\frac{1+x}{1-x}\right)^{-\frac{1}{2}} \frac{(1)(1-x) - (1+x)(-1)}{(1-x)^2}$$

$$y' = \frac{1}{2}\left(\frac{1+x}{1-x}\right)^{-\frac{1}{2}} \frac{(1-x+1+x)}{(1-x)^2}$$

$$y' = \frac{1}{2\left(\frac{1+x}{1-x}\right)^{\frac{1}{2}}} \frac{2}{(1-x)^2}$$

$$y' = \frac{\dfrac{1}{(1-x)^2}}{\left(\dfrac{1+x}{1-x}\right)^{\frac{1}{2}}}$$

$$y' = \frac{\dfrac{1}{(1-x)^2}}{\dfrac{(1+x)^{\frac{1}{2}}}{(1-x)^{\frac{1}{2}}}}$$

$$y' = \frac{(1-x)^{\frac{1}{2}}}{(1-x)^2(1+x)^{\frac{1}{2}}}$$

Este puede ser el resultado de la derivada, pero vamos a proceder a simplificarla ya que es lo mas conveniente:

$$y' = \frac{(1-x)^{\frac{1}{2}}}{(1-x)^2(1+x)^{\frac{1}{2}}}$$

$$y' = \frac{\sqrt{1-x}}{(1-x)^2\sqrt{1+x}}$$

$$y' = \frac{\sqrt{1-x}}{(1-x)\sqrt{(1+x)(1-x)}} \longrightarrow \text{Incluyes } (1-x)\text{a la raíz.}$$

$$y' = \frac{\sqrt{1-x}}{(1-x)\sqrt{(1+x)}\sqrt{(1-x)}} \longrightarrow \text{Separas raíces para simplificar.}$$

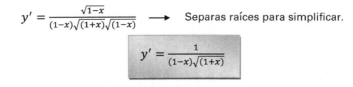

$$y' = \frac{1}{(1-x)\sqrt{(1+x)}}$$

Para esta función se aplicó la derivada (7), y se le aplica la (8) a su derivada interna. Cuando se dice derivada interna, es lo que está dentro de los paréntesis.

Gráfica de la derivada $y' = \frac{1}{(1-x)\sqrt{(1+x)}}$ en 2D. Usé un rango del área a plotear de:

	Mínimo	Máximo
x	-2	2
y	-16	16

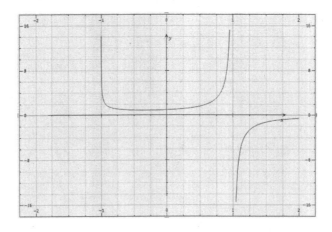

Gráfica de la derivada $y' = \frac{1}{(1-x)\sqrt{(1+x)}}$ en 3D. Usé un rango del área a plotear de:

	Mínimo	Máximo
x	-2	2
y	-2	2
z	-10	11

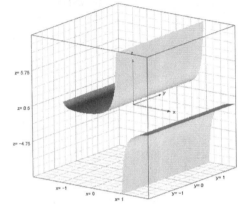

Ejercicio 26:

$$y' = \frac{x-1}{x\sqrt{x-1}}$$

$$y' = \frac{(x-1)'\left(x\sqrt{x-1}\right) - \left(x\sqrt{x-1}\right)'(x-1)}{(x\sqrt{x-1})^2}$$

$$y' = \frac{(x-1)'\left(x(x-1)^{\frac{1}{2}}\right) - (x-1)\left[(x)'(x-1)^{\frac{1}{2}} + x(x-1)^{\frac{1}{2}'}\right]}{x^2(x-1)}$$

$$y' = \frac{(1)\left(x(x-1)^{\frac{1}{2}}\right) - (x-1)\left[(1)(x-1)^{\frac{1}{2}} + x\frac{1}{2}(x-1)^{\frac{1}{2}-1}(1)\right]}{x^2(x-1)}$$

$$y' = \frac{x(x-1)^{\frac{1}{2}} - (x-1)\left[(x-1)^{\frac{1}{2}} + x\frac{1}{2}(x-1)^{-\frac{1}{2}}\right]}{x^2(x-1)}$$

$$y' = \frac{x\sqrt{x-1} - (x-1)\left(\sqrt{x-1} + \frac{x}{2\sqrt{x-1}}\right)}{x^2(x-1)}$$

$$y' = \frac{x\sqrt{x-1}}{x^2(x-1)} - \frac{(x-1)\left(\sqrt{x-1} + \frac{x}{2\sqrt{x-1}}\right)}{x^2(x-1)}$$

$$y' = \frac{1}{x(x-1)^{-\frac{1}{2}}(x-1)} - \frac{\frac{(2\sqrt{x-1})^2 + x}{2\sqrt{x-1}}}{x^2(x-1)}(x-1)$$

$$y' = \frac{1}{x(x-1)^{-\frac{1}{2}+1}} - \frac{\frac{2(x-1)+x}{2\sqrt{x-1}}}{x^2(x-1)}(x-1)$$

$$y' = \frac{1}{x(x-1)^{\frac{1}{2}}} - \frac{\frac{2x-2+x}{2\sqrt{x-1}}}{x^2}$$

$$y' = \frac{x}{x^2\sqrt{x-1}} - \frac{\frac{3x-2}{2\sqrt{x-1}}}{x^2}$$

$$y' = \frac{x}{x^2\sqrt{x-1}} - \frac{3x-2}{2x^2\sqrt{x-1}}$$

$$y' = \frac{2x - (3x-2)}{2x^2\sqrt{x-1}}$$

$$y' = \frac{2x - 3x + 2}{2x^2\sqrt{x-1}}$$

$$y' = \frac{-x+2}{2x^2\sqrt{x-1}}$$

$$y' = \frac{-(x-2)}{2x^2\sqrt{x-1}}$$

Esta derivada es bastante larga al resolverla, y se aplican varias operaciones, desde la derivada (8), derivada (5) y derivada (7). Además se tuvo que aplicar factor común y la ley de los exponentes.

Gráfica de la derivada $y' = \frac{-(x-2)}{2x^2\sqrt{x-1}}$ en 2D:

Usé un rango del área a plotear de:

	Mínimo	Máximo
x	-2	2
y	-11	3

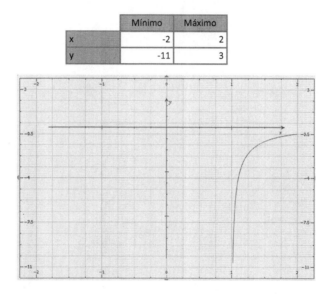

Gráfica de la derivada $\left(y' = \frac{-(x-2)}{2x^2\sqrt{x-1}}\right)$ en 3D:

Usé un rango del área a plotear de:

	Mínimo	Máximo
x	-2	2
y	-29	101
z	-2	2

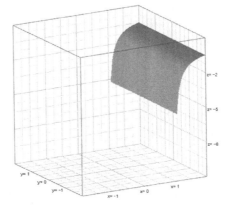

Ejercicio 27:

$$y = \sqrt[3]{x^2 + x + 1}$$

$$y' = (x^2 + x + 1)^{\frac{1}{3}}$$

$$y' = (x^2 + x + 1)^{\frac{1}{3}'}(x^2 + x + 1)'$$

$$y' = \frac{1}{3}(x^2 + x + 1)^{\frac{1}{3}-1}(2x^{2-1} + 1)$$

$$y' = \frac{1}{3}(x^2 + x + 1)^{-\frac{2}{3}}(2x + 1)$$

$$y' = \frac{2x + 1}{3(x^2 + x + 1)^{\frac{2}{3}}}$$

$$y' = \frac{2x+1}{3\sqrt[3]{(x^2+x+1)^2}}$$

Aplicas la derivada (7), tanto al exponente $\left(\frac{1}{3}\right)$, como a su derivada interna (lo que está dentro del paréntesis).

Transforma las raíces en exponentes fraccionarios.

Gráfica de la derivada $(y' = \frac{2x+1}{3\sqrt[3]{(x^2+x+1)^2}})$ en 2D. Usé un rango del área a plotear de:

	Mínimo	Máximo
x	-2	2
y	-1	1

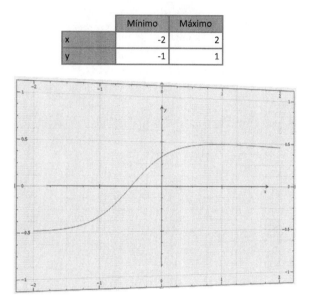

Gráfica de la derivada $(y' = \frac{2x+1}{3\sqrt[3]{(x^2+x+1)^2}})$ en 3D. Usé un rango del área a plotear de:

	Mínimo	Máximo
x	-2	2
y	-1	1
z	-2	2

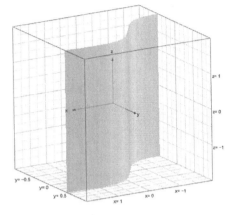

Ejercicio 28:

$$y = \left(2 + \sqrt[3]{x}\right)^2$$

$$y' = (2 + x^{\frac{1}{3}})^{2'}(2 + x^{\frac{1}{3}})'$$

$$y' = 2(2 + x^{\frac{1}{3}})^{2-1}(0 + \frac{1}{3}x^{\frac{1}{3}-1})$$

$$y' = 2\left(2 + x^{\frac{1}{3}}\right)\left(\frac{1}{3}x^{-\frac{2}{3}}\right)$$

$$y' = 2\left(2 + x^{\frac{1}{3}}\right)\left(\frac{1}{3x^{\frac{2}{3}}}\right)$$

$$y' = 2\left(2 + \sqrt[3]{x}\right)\left(\frac{1}{3\sqrt[3]{x^2}}\right)$$

$$y' = \frac{2}{3}\left(2 + \sqrt[3]{x}\right)\left(\frac{1}{\sqrt[3]{x^2}}\right)$$

$$y' = \frac{2}{3}\frac{\left(\sqrt[3]{x}+2\right)}{\sqrt[3]{x^2}}$$

Aplicas las derivada (7).

Ejercicio 29:

$$y = \sqrt{x + \sqrt{x + \sqrt{x}}}$$

$$y' = (x + (x + x^{\frac{1}{2}})^{\frac{1}{2}})^{\frac{1}{2}}$$

$$y' = (x + (x + x^{\frac{1}{2}})^{\frac{1}{2}})^{\frac{1}{2}'} . ((x + (x + x^{\frac{1}{2}})^{\frac{1}{2}}))' . (x + x^{\frac{1}{2}})'$$

$$y' = \frac{1}{2}(x + (x + x^{\frac{1}{2}})^{\frac{1}{2}})^{\frac{1}{2}-1} . (1 + (x + x^{\frac{1}{2}})^{\frac{1}{2}-1}) . (1 + \frac{1}{2}x^{\frac{1}{2}-1})$$

$$y' = \frac{1}{2}(x + (x + x^{\frac{1}{2}})^{\frac{1}{2}})^{-\frac{1}{2}} . \left((1 + \frac{1}{2}(x + x^{\frac{1}{2}})^{-\frac{1}{2}}\right)\left(1 + \frac{1}{2}x^{-\frac{1}{2}}\right)$$

$$y' = \frac{1}{2(x + (x + x^{\frac{1}{2}})^{\frac{1}{2}})^{\frac{1}{2}}}\left(1 + \frac{1}{2(x + x^{\frac{1}{2}})^{\frac{1}{2}}}\right)\left(1 + \frac{1}{2x^{\frac{1}{2}}}\right)$$

$$y' = \frac{1}{2\sqrt{x + \sqrt{x + \sqrt{x}}}}\left(1 + \frac{1}{2\sqrt{x + \sqrt{x}}}\right)\left(1 + \frac{1}{2\sqrt{x}}\right)$$

Esta derivada tiende a ser un poco confusa por la cantidad de raíces. Pero fíjate en lo siguiente:

Te recomiendo que transformes las raíces en exponentes fraccionarios.

Al identificar la función podrás notar que es de la forma (x^n), que es la derivada (7), y procedes a aplicar el procedimiento:

Como paso número uno: colocar la estructura del procedimiento para derivar, en el cual vas a colocar la expresión $(x + (x + x^{\frac{1}{2}})^{\frac{1}{2}})^{\frac{1}{2}}$.

Segundo paso: escribes de nuevo el paso uno y lo multiplicas por la derivada interna de la expresión, es decir, $x + \left(x + x^{\frac{1}{2}}\right)^{\frac{1}{2}}{}'$.

Tercer paso: luego colocas la derivada interna del paso dos, que sería $(x + x^{\frac{1}{2}})$.

Una vez estructurado el ejercicio, procedes a aplicar las respectivas operaciones.

Si te confundes en la forma que se realizó, a continuación te mostraré otra opción para resolverla:

$$y = \sqrt{x + \sqrt{x + \sqrt{x}}}$$

$$y = (x + (x + x^{\frac{1}{2}})^{\frac{1}{2}})^{\frac{1}{2}}$$

$$y' = (x + (x + x^{\frac{1}{2}})^{\frac{1}{2}})^{\frac{1}{2}}{}'$$

$$y' = \frac{1}{2}(x + (x + x^{\frac{1}{2}})^{\frac{1}{2}})^{\frac{1}{2}-1}$$

$$y' = \frac{1}{2}(x + (x + x^{\frac{1}{2}})^{\frac{1}{2}})^{-\frac{1}{2}}(x + \left(x + x^{\frac{1}{2}}\right)^{\frac{1}{2}})'$$

$$y' = \frac{1}{2}(x + (x + x^{\frac{1}{2}})^{\frac{1}{2}})^{-\frac{1}{2}}(1 + \frac{1}{2}\left((x + x^{\frac{1}{2}})^{\frac{1}{2}-1}\right)\left(x + x^{\frac{1}{2}}\right)'$$

$$y' = \frac{1}{2}(x + (x + x^{\frac{1}{2}})^{\frac{1}{2}})^{-\frac{1}{2}}(1 + \frac{1}{2}\left((x + x^{\frac{1}{2}})^{-\frac{1}{2}}\right)\left(1 + \frac{1}{2}x^{\frac{1}{2}-1}\right)$$

$$y' = \frac{1}{2}(x + (x + x^{\frac{1}{2}})^{\frac{1}{2}})^{-\frac{1}{2}}(1 + \frac{1}{2}\left((x + x^{\frac{1}{2}})^{\frac{1}{2}-1}\right)\left(1 + \frac{1}{2}x^{-\frac{1}{2}}\right)$$

$$y' = \frac{1}{2(x + (x + x^{\frac{1}{2}})^{\frac{1}{2}})^{\frac{1}{2}}} \left(1 + \frac{1}{2(x + x^{\frac{1}{2}})^{\frac{1}{2}}}\right)\left(1 + \frac{1}{x^{\frac{1}{2}}}\right)$$

$$y' = \frac{1}{2\sqrt{x + \sqrt{x + \sqrt{x}}}} \left(1 + \frac{1}{2\sqrt{x + \sqrt{x}}}\right)\left(1 + \frac{1}{\sqrt{x}}\right)$$

Es decir, en este caso se derivó poco a poco, en vez de estructurar completamente desde un principio la derivada. Entonces derivas la función original la y multiplicas por su derivada interna y cuando la tengas lista la puedes multiplicar por la derivada interna anterior y así sucesivamente, es lo que se llama la regla de la cadena.

Tal vez así se resulte más fácil y menos confuso para ti, luego de tener bastante práctica y experiencia lograrás realizarlo de cualquier manera y hasta de forma más directa, es obvio que no omito pasos que tal vez resulten obvios para algunos, pero lo realice con todos los pasos y detalles para que observes de donde provienen.

Gráfica de la derivada $y' = \frac{1}{2\sqrt{x + \sqrt{x + \sqrt{x}}}} \left(1 + \frac{1}{2\sqrt{x + \sqrt{x}}}\right)\left(1 + \frac{1}{\sqrt{x}}\right)$ en 2D. Usé un rango del área a plotear de:

	Mínimo	Máximo
x	-2	2
y	-2	7

113

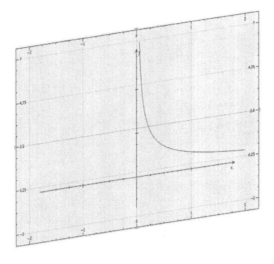

Gráfica de la derivada $y' = \frac{1}{2\sqrt{x+\sqrt{x+\sqrt{x}}}}\left(1 + \frac{1}{2\sqrt{x+\sqrt{x}}}\right)\left(1 + \frac{1}{\sqrt{x}}\right)$ en

3D. Usé un rango del área a plotear de:

	Mínimo	Máximo
x	-2	2
y	-2	2
z	0	5

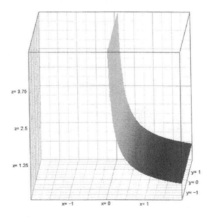

Ejercicio 30:

$$y = (x^2 + a)^4$$

$$y' = (x^2 + a)^{4'}(x^2 + a)'$$

$$y' = 4(x^2 + a)^{4-1}(2x)$$

$$y' = 8x(x^2 + a)^3$$

Aplicas la derivada (7).

*Funciones trigonom*étricas e inversas

Ejercicio 31:

$$y = 4Sen(x) + 2Cos(x)$$

$$y' = 4(Sen(x))' + 2(Cos(x))'$$

$$y' = 4Cos(x) + 2(-Sen(x))$$

$$y' = 4Cos(x) - 2Sen(x)$$

Gráfica de la derivada $y' = 4Cos(x) - 2Sen(x)$, en 2D. Usé un rango del área a plotear de:

	Mínimo	Máximo
x	-3.142	3.142
y	-9	9

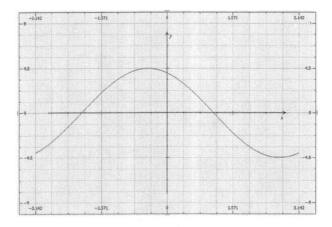

Gráfica de la derivada $y' = 4Cos(x) - 2Sen(x)$, en 3D. Usé un rango del área a plotear de:

	Mínimo	Máximo
x	-3.142	3.142
y	-6	6
z	-2	2

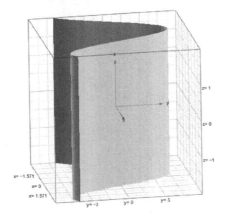

Ejercicio 32:

$$y = ArcTg(x) + ArcCtg(x)$$

$$y' = \frac{(x)'}{1 + x^2} + \left(-\frac{(x)'}{1 + x^2}\right)$$

$$y' = \frac{1}{1 + x^2} - \frac{1}{1 + x^2}$$

$$\boxed{y' = 0.}$$

Ejercicio 33:

$$y = \frac{Sen(x) - Cos(x)}{Sen(x) + Cos(x)}$$

$$y' = \frac{(Sen(x) - Cos(x))'(Sen(x) + Cos(x)) - (Sen(x) - Cos(x))(Sen(x) + Cos(x))'}{(Sen(x) + Cos(x))^2}$$

$$y' = \frac{(Cos(x) - (-Sen(x)))(Sen(x) + Cos(x)) - (Sen(x) - Cos(x))(Cos(x) + (-Sen(x)))}{(Sen(x) + Cos(x))^2}$$

$$y' = \frac{(Cos(x) + Sen(x))(Sen(x) + Cos(x)) - (Sen(x) - Cos(x))(Cos(x) - Sen(x))}{(Sen(x) + Cos(x))^2}$$

$$y' = \frac{(Cos(x) + Sen(x))^2}{(Sen(x) + Cos(x))^2} + \frac{(Cos(x) - Sen(x))(Cos(x) - Sen(x))}{(Sen(x) + Cos(x))^2}$$

$$\boxed{y' = 1 + \frac{(Cos(x) - Sen(x))^2}{(Sen(x) + Cos(x))^2}}$$

Gráfica de la derivada $\left(y' = 1 + \frac{(Cos(x)-Sen(x))^2}{(Sen(x)+Cos(x))^2}\right)$ en 2D. Usé un rango del área a plotear de:

	Mínimo	Máximo
x	-3.142	3.142
y	-14	44

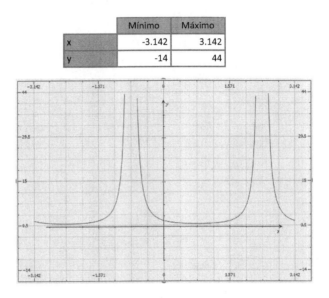

Gráfica de la derivada $\left(y' = 1 + \frac{(Cos(x)-Sen(x))^2}{(Sen(x)+Cos(x))^2}\right)$ en 3D. Usé un rango del área a plotear de:

	Mínimo	Máximo
x	-3.142	3.142
y	-2	2
z	-3	34

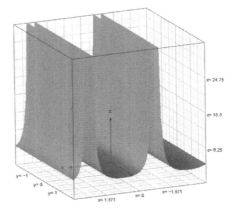

Ejercicio 34:

$$y = xCtg(x)$$

$$y' = (x)'(Ctg(x)) + (x)(Ctg(x))'$$

$$y' = (1)Ctg(x) + x(-Csc^2(x))$$

$$\boxed{y' = Ctg(x) - xCsc^2(x)}$$

Gráfica de la derivada ($y' = Ctg(x) - xCsc^2(x)$), en 2D. Usé un rango del área a plotear de:

	Mínimo	Máximo
x	-3.142	3.142
y	-24	24

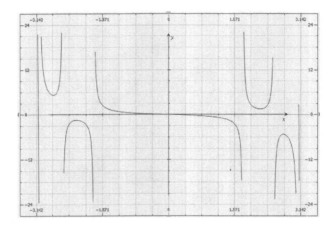

Gráfica de la derivada $(y' = Ctg(x) - xCsc^2(x))$, en 3D. Usé un rango del área a plotear de:

	Mínimo	Máximo
x	-3.142	3.142
y	-18	17
z	-2	2

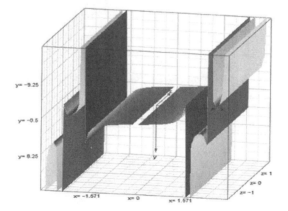

Ejercicio 35:

$$y = \frac{(1+x^2)ArcTg(x) - x}{2}$$

$$y' = \frac{[(1+x^2)'ArcTg(x) + (1+x^2)ArcTg(x)'] - x'}{2}$$

$$y' = \frac{2xArcTg(x) + (1+x^2)\frac{(x)'}{(1+x^2)} - 1}{2}$$

$$y' = \frac{2xArcTg(x) + 1 - 1}{2}$$

$$\boxed{y' = xArcTg(x)}$$

Ejercicio 36:

$$y = xSen(x) - (x^2 - 1)Cos(x)$$

$$y' = [(x)'Sen(x) + (Sen(x))'(x)] - [(x^2-1)'Cos(x) + (x^2-1)(Cos(x))']$$

$$y' = (1)Sen(x) + xCos(x) - (2xCos(x) + (x^2-1)(-Sen(x)))$$

$$y' = Sen(x) + xCos(x) - (2xCos(x) - Sen(x)(x^2-1))$$

$$y' = Sen(x) + xCos(x) - 2xCos(x) + Sen(x)(x^2-1)$$

$$y' = Sen(x) - xCos(x) + Sen(x)(x^2-1)$$

$$y' = Sen(x)(1 + x^2 - 1) - xCos(x)$$

$$y' = x^2Sen(x) - xCos(x)$$

$$\boxed{y' = x(xSen(x) - Cos(x))}$$

Gráfica de la derivada $(y' = x(xSen(x) - Cos(x)))$ en 2D. Usé un rango del área a plotear de:

	Mínimo	Máximo
x	-3.142	3.142
y	-12	12

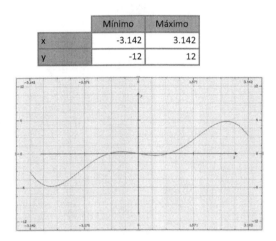

Gráfica de la derivada $y' = x(xSen(x) - Cos(x))$ en 3D. Usé un rango del área a plotear de:

	Mínimo	Máximo
x	-3.142	3.142
y	-8	8
z	-2	2

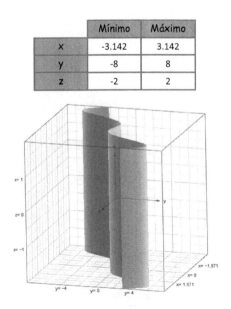

Ejercicio 37:

$$y = \frac{(1+x)ArcTg(x) - x}{3}$$

$$y = \frac{(1+x)'ArcTg(x) + (1+x)ArcTg(x)' - (x)'}{3}$$

$$y' = \frac{(1)ArcTg(x) + (1+x)\dfrac{(x)'}{(1+x^2)} - 1}{3}$$

$$y' = \frac{ArcTg(x) + \dfrac{(1+x)}{(1+x^2)} - 1}{3}$$

$$y' = \frac{\dfrac{ArcTg(x)(1+x^2) + (1+x) - (1+x^2)}{(1+x^2)}}{3}$$

$$y' = \frac{\dfrac{ArcTg(x)(1+x^2) + 1 + x - 1 - x^2}{(1+x^2)}}{3}$$

$$y' = \frac{\dfrac{ArcTg(x)(1+x^2) + x - x^2}{(1+x^2)}}{3}$$

$$y' = \frac{ArcTg(x)(1+x^2) + x - x^2}{3(1+x^2)}$$

Gráfica de la derivada $\left(y' = \frac{ArcTg(x)(1+x^2)+x-x^2}{3(1+x^2)}\right)$ en 2D. Usé un rango del área a plotear de:

	Mínimo	Máximo
x	-2	2
y	-1.282	1

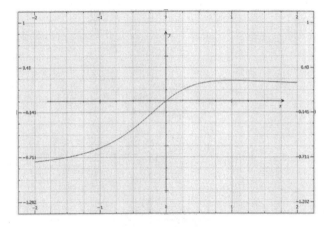

Gráfica de la derivada $y' = \frac{ArcTg(x)(1+x^2)+x-x^2}{3(1+x^2)}$ en 3D. Usé un rango del área a plotear de:

	Mínimo	Máximo
x	-2	2
y	-1	0.391
z	-2	2

124

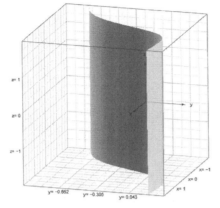

Ejercicio 38:

$$y = Sen^2(x)$$

$$y' = (Sen(x))^{2'}(Sen(x))'$$

$$y' = 2(Sen(x))^{2-1}Cos(x)$$

$$y' = 2Sen(x)Cos(x).$$

Ejercicio 39:

$$y = 3Sen(x) - Cos(3x)$$

$$y' = 3(Sen(x))' - (Cos(3x))'(3x)'$$

$$y' = 3Cos(x) - (-Sen(3x))(3))$$

$$y' = 3Cos(x) + 3Sen(3x).$$

$$y' = 3(Cos(x) + Sen(3x)).$$

Al derivar el *Coseno,* lo multiplicas por la derivada de su argumento $(3x)$.

Ejercicio 40:

$$y = \frac{Cos(x)}{1 + Sen(x)}$$

$$y' = \frac{(Cos(x))'(1 + Sen(x)) - (Cos(x))(1 + Sen(x))'}{(1 + Sen(x))^2}$$

$$y' = \frac{-Sen(x)(1 + Sen(x)) - (Cos(x))(0 + Cos(x))}{(1 + Sen(x))^2}$$

$$y' = \frac{-Sen(x)(1 + Sen(x)) - Cos^2(x)}{(1 + Sen(x))^2}$$

$$y' = \frac{-Sen(x)(1 + Sen(x))}{(1 + Sen(x))^2} - \frac{Cos^2(x)}{(1 + Sen(x))^2}$$

$$y' = -\frac{Sen(x)}{(1 + Sen(x))} - \frac{Cos^2(x)}{(1 + Sen(x))^2}$$

$$\boxed{y' = -\left(\frac{Sen(x)}{(1 + Sen(x))} + \frac{Cos^2(x)}{(1 + Sen(x))^2}\right)}$$

Ejercicio 41:

$$y = \frac{5(Ctg(2x))^2 Sen(x)}{8}$$

$$y' = \frac{5}{8}[(Ctg^2(2x))' Sen(x) + (Ctg(2x))^2 Sen(x)']$$

$$y' = \frac{5}{8}[2(Ctg(2x))^{2-1}(-2Csc^2(2x))2Sen(x) + (Ctg(2x))^2 Cosx]$$

$$y' = \frac{5}{8}\left[-8(Ctg(2x))(Csc^2(2x))Sen(x) + (Ctg(2x))^2Cosx)\right]$$

$$y' = \frac{5}{8}\left[(Ctg(2x))^2Cos(x)) - 8(Ctg(2x))Csc^2(2x)Sen(x)\right]$$

Ejercicio 42:

$$y = mCos(5x)Tg(2x)$$

$$y' = m(Cos(5x)'.(5x)'.Tg(2x) + Cos(5x).Tg(2x)'.(2x)')$$

$$y' = m(-Sen(5x).(5).Tg(2x) + Cos(5x).Sec^2(2x).(2))$$

$$y' = m(-5Sen(5x).Tg(2x) + 2Cos(5x).Sec^2(2x))$$

$$y' = m(2Cos(5x).Sec^2(2x) - 5Sen(5x).Tg(2x))$$

Ejercicio 43:

$$y = Cos(4x - \sqrt{2x})$$

$$y' = Cos(4x - \sqrt{2x})'(4x - \sqrt{2x})'$$

$$y' = Cos(4x - \sqrt{2x})'\left(4x - (2x)^{\frac{1}{2}}\right)'$$

$$y' = -Sen(4x - \sqrt{2x})\left(4 - \frac{1}{2}(2x)^{\frac{1}{2}-1}(2)\right)$$

$$y' = -Sen(4x - \sqrt{2x})\left(4 - \frac{1}{2}(2x)^{-\frac{1}{2}}(2)\right)$$

$$y' = -Sen(4x - \sqrt{2x})\left(4 - (2x)^{-\frac{1}{2}}\right)$$

$$y' = -Sen(4x - \sqrt{2x})\left(4 - \frac{1}{(2x)^{\frac{1}{2}}}\right)$$

$$y' = -Sen(4x - \sqrt{2x})\left(4 - \frac{1}{\sqrt{2x}}\right)$$

ó

$$y' = Sen(4x - \sqrt{2x})\left(\frac{\sqrt{2}}{2\sqrt{x}} - 4\right)$$

Ejercicio 44:

$$y = \frac{Tg(x) - 1}{Sec(x)}$$

$$y' = \frac{Tg(x) - 1}{Sec(x)} = (Tg(x) - 1)Cos(x)$$

$$y' = (Tg(x))'Cos(x) + Tg(x)(Cos(x))' - (Cos(x))'$$

$$y' = Sec^2(x)Cos(x) + Tg(x)(-Sen(x)) - (-Sen(x))$$

$$y' = Sec^2(x)Cos(x) - Tg(x)Sen(x) + Sen(x)$$

$$y' = (Tg^2(x) + 1)Cos(x) - Tg(x)Sen(x) + Sen(x)$$

$$y' = (Tg^2(x) + 1)Cos(x) - Sen(x)(Tg(x) - 1)$$

Ejercicio 45:

$$y = (ArcSen(x))^3$$

$$y' = 3(ArcSen(x))^{3-1} \frac{(x)'}{\sqrt{1-x^2}}$$

$$y' = 3(ArcSen(x))^2 \frac{1}{\sqrt{1-x^2}}$$

$$y' = \frac{3ArcSen^2(x)}{\sqrt{1-x^2}}$$

Ejercicio 46:

$$y = Ctg\left(\frac{5x+3}{2}\right)$$

$$y = Ctg\left(\frac{5x+3}{2}\right)'\left(\frac{5x+3}{2}\right)'$$

$$y' = -Csc^2\left(\frac{5x+3}{2}\right)\left(\frac{5}{2}\right)$$

Ejercicio 48:

$$y = ArcSen(Cos(5x))$$

$$y' = \frac{(Cos(5x))'}{\sqrt{1-Cos^2(5x)}}$$

$$y' = \frac{5(-Sen(5x))}{\sqrt{1-Cos^2(5x)}}$$

$$y' = -\frac{5(Sen(5x))}{\sqrt{1-Cos^2(5x)}}$$

Ejercicio 49:

$$y = ArcTg(\sqrt{5x})$$

$$y' = \frac{(\sqrt{5x})'}{1 + (\sqrt{5x})^2}$$

$$y' = \frac{\left((5x)^{\frac{1}{2}}\right)'}{1 + 5x}$$

$$y' = \frac{\frac{1}{2}(5x)^{\frac{1}{2}-1}}{1 + 5x}$$

$$y' = \frac{\frac{1}{2}(5x)^{-\frac{1}{2}}}{1 + 5x}$$

$$y' = \frac{\frac{1}{2}}{(1 + 5x)(5x)^{\frac{1}{2}}}$$

$$y' = \frac{\frac{1}{2}}{\sqrt{5x}(1 + 5x)}$$

$$y' = \frac{1}{2\sqrt{5x}(1 + 5x)}$$

Ejercicio 50:

$$y = ArcSen(\sqrt{Cos(x) + 2})$$

$$y' = \frac{\sqrt{Cos(x) + 2}'}{\sqrt{1 - (\sqrt{Cos(x) + 2})^2}}$$

$$y' = \frac{(Cos(x) + 2)^{\frac{1}{2}}{}'}{\sqrt{1 - (\sqrt{Cos(x) + 2})^2}}$$

$$y' = \frac{\frac{1}{2}(Cos(x) + 2)^{\frac{1}{2}-1}(-Sen(x))}{\sqrt{1 - (Cos(x) + 2)}}$$

$$y' = \frac{\frac{1}{2}(Cos(x) + 2)^{-\frac{1}{2}}(-Sen(x))}{\sqrt{1 - (Cos(x) + 2)}}$$

$$y' = -\frac{\dfrac{(Sen(x))}{2(Cos(x) + 2)^{\frac{1}{2}}}}{\sqrt{1 - (Cos(x) + 2)}}$$

$$y' = -\frac{\dfrac{(Sen(x))}{2\sqrt{Cos(x) + 2}}}{\sqrt{1 - (Cos(x) + 2)}}$$

$$y' = -\frac{(Sen(x))}{2\sqrt{Cos(x) + 2}\sqrt{1 - (Cos(x) + 2)}}$$

Ejercicio 51:

$$y = ArcCos(ArcTg(x))$$

$$y' = -\frac{(ArcTg(x))'}{\sqrt{1 - (ArcTg(x))^2}}$$

$$y' = -\frac{\dfrac{(x)'}{1 + x^2}}{\sqrt{1 - ArcTg^2(x)}}$$

$$y' = -\frac{\dfrac{1}{1 + x^2}}{\sqrt{1 - ArcTg^2(x)}}$$

$$y' = -\frac{1}{(1 + x^2)\sqrt{1 - ArcTg^2(x)}}$$

Ejercicio 52:

$$y = \frac{ArcCsc(5x - ArcTg(Cos(x)))}{5}$$

$$y' = -\frac{\dfrac{(5x - ArcTg(Cos(x)))'}{(5x - ArcTg(Cos(x)))\sqrt{5x - ArcTg(Cos^2(x)) - 1}}}{5}$$

$$y' = -\frac{\dfrac{5 - \dfrac{(Cos(x))'}{1 + Cos^2(x)}}{(5x - ArcTg(Cos(x)))\sqrt{(5x - ArcTg(Cos^2(x)) - 1}}}{5}$$

$$y' = -\frac{5 - \dfrac{(-Sen(x))}{1 + Cos^2(x)}}{\dfrac{(5x - ArcTg(Cos(x)))\sqrt{(5x - ArcTg(Cos^2(x))} - 1}{5}}$$

$$y' = -\frac{5 + \dfrac{Sen(x)}{1 + Cos^2(x)}}{\dfrac{(5x - ArcTg(Cos(x)))\sqrt{(5x - ArcTg(Cos^2(x))} - 1}{5}}$$

$$y' = -\frac{\dfrac{5 + 5(Cos^2(x)) + Sen(x)}{1 + Cos^2(x)}}{\dfrac{(5x - ArcTg(Cos(x)))\sqrt{(5x - ArcTg(Cos^2(x))} - 1}{5}}$$

$$y' = -\frac{(5 + 5(Cos^2(x)) + Sen(x))}{\dfrac{(1 + Cos^2(x))(5x - ArcTg(Cos(x)))\sqrt{(5x - ArcTg(Cos^2(x))} - 1}{5}}$$

$$y' = -\frac{(5 + 5(Cos^2(x)) + Sen(x))}{5(1 + Cos^2(x))(5x - ArcTg(Cos(x)))\sqrt{(5x - ArcTg(Cos^2(x) - 1)}}$$

Ejercicio 53:

$$y = Cos(x^3)(-Sen(x))$$

$$y' = Cos(x^3)'(-Sen(x)) + Cos(x^3)(-Sen(x))'$$

$$y' = (-Sen(x^3))(3x^2)(-Sen(x)) + Cos(x^3)(-Cos(x))$$

$$y' = 3x^2Sen(x^3)Sen(x) - Cos(x^3)Cos(x)$$

Ejercicio 54:

$$y = Sen(2x)Cos(3x)$$

$$y' = Sen(2x)'(2x)'Cos(3x) + Sen(2x)Cos(3x)'(3x)'$$

$$y' = Cos(2x)(2)(Cos(3x) + Sen(2x)(-Sen(3x))(3)$$

$$y' = 2Cos(2x)Cos(3x) - 3Sen(2x)Sen(3x)$$

Ejercicio 55:

$$y = Tg(x)Ctg(x)$$

$$y' = (Tg(x))'Ctg(x) + Tg(x)(Ctg(x))'$$

$$y' = Sec^2(x)Ctg(x) + Tg(x)(-Csc^2(x))$$

$$y' = Sec^2(x)Ctg(x) - Tg(x)Csc^2(x)$$

Ejercicio 56:

$$y = 2\sqrt{Csc(Sec^2(x))}$$

$$y = 2(Csc(Sec^2(x)))^{\frac{1}{2}}$$

$$y' = \left[2Csc(Sec^2(x)))^{\frac{1}{2}'} \left(Csc(Sec^2(x)) \right)' ((Sec^2(x))' \right]$$

$$y' = 2\frac{1}{2}\left[Csc(Sec^2(x))^{\frac{1}{2}-1}(-Csc(Sec^2(x)))(Ctg(Sec^2(x)))(2Sec(x)Sec(x)Tg(x) \right]$$

$$y'$$
$$= -2Csc(Sec^2(x))^{-\frac{1}{2}}(Csc(Sec^2(x))(Ctg(Sec^2(x)))(Sec^2(x)Tg(x))$$

$$y' = -\frac{2(Csc(Sec^2x))(Ctg(Sec^2x))(Sec^2x.Tgx)}{(Csc(Sec^2x))^{\frac{1}{2}}}$$

$$y' = -\frac{2(Csc(Sec^2x))(Ctg(Sec^2(x)))(Sec^2(x).Tg(x))}{\sqrt{Csc(Sec^2(x))}}$$

Ejercicio 57:

$$y = Sen(Cos(2x))$$

$$y' = \big(Sen(Cos(2x))\big)'(Cos(2x))'(2x)'$$

$$y' = Cos(Cos(2x))(-Sen(2x))(2)$$

$$y' = -2Cos(Cos(2x))(Sen(2x))$$

Ejercicio 58:

$$y = Tg(x)Cos(x)$$

$$y' = (Tg(x))'Cos(x) + Tg(x)(Cos(x))'$$

$$y' = Sec^2(x)Cos(x) + Tg(x)(-Sen(x))$$

$$y' = Sec^2(x)Cos(x) - Tg(x)Sen(x)$$

Ejercicio 59:

$$y = mCos(x)$$

$$y' = m(-Sen(x))$$

$$y' = -mSen(x).$$

Ejercicio 60:

$$y = \frac{ArcSen(x)}{5}$$

$$y' = \frac{\frac{(x)'}{\sqrt{1-x^2}}}{5}$$

$$y' = \frac{\frac{1}{\sqrt{1-x^2}}}{5}$$

$$y' = \frac{1}{5\sqrt{1-x^2}}$$

Gráfica de la derivada $y' =$ en 2D. Usé un rango del área a plotear de:

	Mínimo	Máximo
x	-2	2
y	-2	2

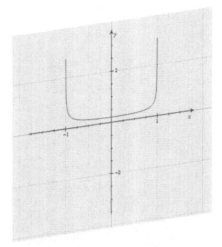

Gráfica de la derivada $y' =$ en 3D. Usé un rango del área a plotear de:

	Mínimo	Máximo
x	-2	2
y	-2	2
z	0	2

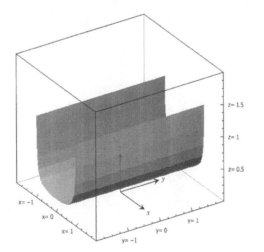

Funciones exponencial y logarítmica:

Ejercicio 61:

$$y = Ln(Ln(m))$$

$$y' = \frac{(Ln(m))'}{Ln(m)}$$

$$y' = \frac{\frac{1}{m}}{Ln(m)}$$

$$y' = \frac{1}{mLn(m)}$$

Ejercicio 62:

$$y = (Ln(x))^4$$

$$y' = \frac{4(Ln(x))^{4-1}}{x}$$

$$y' = \frac{4(Ln(x))^3}{x}$$

Ejercicio 63:

$$y = Ln(Cos(x))$$

$$y' = \frac{(Cos(x))'}{Cos(x)}$$

$$y' = -\frac{Sen(x)}{Cos(x)}$$

$$y' = -Tg(x).$$

Gráfica de la derivada $y' = -Tg(x)$, en 2D. Usé un rango del área a plotear de:

	Mínimo	Máximo
x	-3.142	3.142
y	-19	19

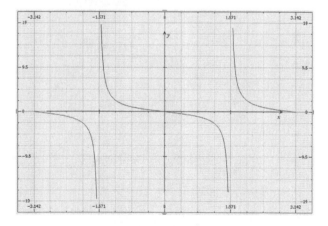

Gráfica de la derivada $y' = -Tg(x)$, en 3D. Usé un rango del área a plotear de:

	Mínimo	Máximo
x	-3.142	3.142
y	-2	2
z	-11	11

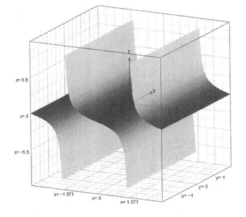

Ejercicio 64:

$$y = Log(t^2 + 2)$$

$$y' = \frac{Log(e)}{(t^2 + 2)}(t^2 + 2)'$$

$$y' = \frac{Log(e)}{(t^2 + 2)}(2t)$$

$$y' = \frac{2tLog(e)}{(t^2 + 2)}$$

Ejercicio 65:

$$y = Ln(5x)Sen(2x)$$

$$y' = \frac{(5m)'}{5m}\left(Sen(2x)\right) + Ln(5x).Sen(2x)'.(2x)'$$

$$y' = \frac{5}{5x}\left(Sen(2x)\right) + Ln(5x)(2)Cos(2x)$$

$$y' = \frac{Sen(2x)}{x} + 2Ln(5x)Cos(2x)$$

Ejercicio 66:

$$y = x^4 e^x$$

$$y' = (x^4)'e^x + x^4(e^x)'$$

$$y' = 4(x)^{4-1}e^x + x^4 e^x$$

$$y' = 4x^3 e^x + x^4 e^x$$

$$y' = x^3 e^x(4 + x)$$

Gráfica de la derivada $y' = x^3 e^x(4 + x)$, en 2D. Usé un rango del área a plotear de:

	Mínimo	Máximo
x	-2	2
y	-44	123

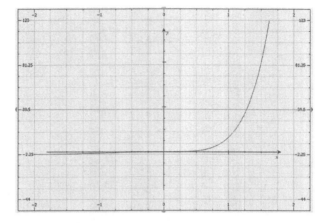

Gráfica de la derivada $y' = x^3 e^x (4 + x)$, en 3D. Usé un rango del área a plotear de:

	Mínimo	Máximo
x	-2	2
y	-17	127
z	-2	2

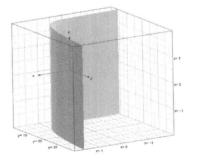

Ejercicio 67:

$$y = e^{(3x+2)}$$

$$y' = (3x + 2)' e^{(3x+2)}$$

$$y' = 3e^{(3x+2)}$$

Ejercicio 68:

$$y = 8^{2x+2}$$

$$y' = (2x + 2)8^{2x+2} Ln(8)$$

$$y' = (2)\, 8^{2x+2} Ln(8)$$

Ejercicio 69:

$$y = x^n e^{Cos(x)}$$

$$y' = (x^n)' e^{Cos(x)} + x^n (e^{Cos(x)})'$$

$$y' = nx^{n-1} e^{Cos(x)} + x^n(-Sen(x)) e^{Cos(x)}$$

$$y' = nx^{n-1} e^{Cos(x)} - x^n(Sen(x)) e^{Cos(x)}$$

Ejercicio 70:

$$y = Ln\left(\frac{Cosx + 2}{5}\right)$$

$$y' = \frac{\left(\frac{Cosx + 2}{5}\right)'}{\left(\frac{Cosx + 2}{5}\right)}$$

$$y' = \frac{-\dfrac{Sen(x)}{5}}{\left(\dfrac{Cos(x) + 2}{5}\right)}$$

$$y' = \frac{-Sen(x)}{Cos(x) + 2}$$

Ejercicio 71:

$$y = Ln(Sen^2(x))$$

$$y' = \frac{Sen^2(x)'Sen(x)'}{Sen^2(x)}$$

$$y' = \frac{2Sen^{2-1}(x)Cos(x)}{Sen^2(x)}$$

$$y' = \frac{2Sen(x)Cos(x)}{Sen^2(x)}$$

$$y' = 2\frac{Cos(x)}{Sen(x)}$$

$$y' = 2Ctg(x)$$

Ejercicio 72:

$$y = ArcCos(Ln(x))$$

$$y' = \frac{(Ln(x))'}{\sqrt{1 - (Ln(x))^2}}$$

$$y' = \frac{\frac{1}{x}}{\sqrt{1 - (Ln(x))^2}}$$

$$y' = \frac{1}{x\sqrt{1 - (Ln(x))^2}}$$

Ejercicio 73:

$$y = Ln\sqrt{\frac{1 - Sen(x)}{1 + Cos(x)}}$$

$$y' = Ln\left(\frac{1 - Sen(x)}{1 + Cos(x)}\right)^{\frac{1}{2}}$$

$$y' = \frac{\left(\frac{1 - Sen(x)}{1 + Cos(x)}\right)^{\frac{1}{2}'} \left(\frac{1 - Sen(x)}{1 + Cos(x)}\right)'}{\left(\frac{1 - Sen(x)}{1 + Cos(x)}\right)^{\frac{1}{2}}}$$

$$y' = \frac{\left(\frac{1 - Sen(x)}{1 + Cos(x)}\right)^{\frac{1}{2}'} \left[\frac{(1 - Sen(x))'(1 + Cos(x)) - (1 - Sen(x))(1 + Cos(x))'}{(1 + Cos(x))^2}\right]}{\left(\frac{1 - Sen(x)}{1 + Cos(x)}\right)^{\frac{1}{2}}}$$

$$y' = \frac{\frac{1}{2}\left(\frac{1-Sen(x)}{1+Cos(x)}\right)^{\frac{1}{2}-1}\left[\frac{(0-Cos(x))(1+Cos(x))-(1-Sen(x))(0+(-Sen(x)))}{(1+Cosx)^2}\right]}{\left(\frac{1-Sen(x)}{1+Cos(x)}\right)^{\frac{1}{2}}}$$

$$y' = \frac{\frac{1}{2}\left(\frac{1-Sen(x)}{1+Cos(x)}\right)^{-\frac{1}{2}}\left[\frac{(-Cos(x))(1+Cos(x))-(1-Sen(x))(-Sen(x))}{(1+Cos(x))^2}\right]}{\left(\frac{1-Sen(x)}{1+Cos(x)}\right)^{\frac{1}{2}}}$$

$$y' = \frac{\left[\frac{(1-Cos^2(x))-(-Sen(nx))(1-Sen(x))}{(1+Cos(x))^2}\right]}{\frac{1}{2}\left(\frac{1-Sen(x)}{1+Cos(x)}\right)^{\frac{1}{2}}\left(\frac{1-Sen(x)}{1+Cos(x)}\right)^{\frac{1}{2}}}$$

$$y' = \frac{\left[\frac{(Sen^2(x))+(Sen(x))(1-Sen(x))}{(1+Cos(x))^2}\right]}{\frac{1}{2}\left(\frac{1-Sen(x)}{1+Cos(x)}\right)}$$

$$y' = \frac{\left[\frac{Sen^2(x)+Sen(x)-Sen^2(x)}{(1+Cos(x))^2}\right]}{\frac{1}{2}\left(\frac{1-Sen(x)}{1+Cos(x)}\right)}$$

$$y' = \frac{\left[\frac{Sen(x)}{(1+Cos(x))^2}\right]}{\frac{1}{2}\left(\frac{1-Sen(x)}{1+Cos(x)}\right)}$$

$$y' = \frac{\left[\frac{Sen(x)}{(1+Cos(x))^2}\right]}{\frac{1}{2}\left(\frac{1-Sen(x)}{1+Cos(x)}\right)}$$

$$y' = \frac{2\,Sen(x)}{(1+Cos(x))(1-Sen(x))}$$

Ejercicio 74:

$$y = Tg(Ln(x))$$

$$y' = (Tg(Ln(x)))'(Ln(x))'$$

$$y' = Sec^2(Ln(x))\frac{1}{x}$$

$$y' = \frac{Sec^2(Ln(x))}{x}$$

Ejercicio 75:

$$y = Ln\left(\frac{2+x}{2-x}\right)$$

$$y' = \frac{\left(\frac{2+x}{2-x}\right)'}{\left(\frac{2+x}{2-x}\right)}$$

$$y' = \frac{\frac{(2+x)'(2-x)-(2-x)'(2+x)}{(2-x)^2}}{\left(\frac{2+x}{2-x}\right)}$$

$$y' = \frac{\frac{(1)(2-x)-(-1)(2+x)}{(2-x)^2}}{\left(\frac{2+x}{2-x}\right)}$$

$$y' = \frac{\frac{(2-x)+(2+x)}{(2-x)^2}}{\left(\frac{2+x}{2-x}\right)}$$

$$y' = \frac{\dfrac{2 - x + 2 + x}{(2 - x)^2}}{\left(\dfrac{2 + x}{2 - x}\right)}$$

$$y' = \frac{\dfrac{4}{(2 - x)^2}}{\left(\dfrac{2 + x}{2 - x}\right)}$$

$$y' = \frac{\dfrac{4}{(2 - x)^2}}{\dfrac{(2 + x)}{(2 - x)}}$$

$$y' = \frac{4}{(2 - x)(2 + x)}$$

Te voy a sugerir que si deseas que la variable (x) quede positiva, colocas un signo negativo delante de la fracción quedando de la siguiente manera:

$$y' = -\frac{4}{(x - 2)(x + 2)}$$

Ejercicio 76:

$$y = me^{\sqrt{x}}$$
$$y' = m(x)^{\frac{1}{2}'}e^{\sqrt{x}}$$

$$y' = m\frac{1}{2}(x)^{\frac{1}{2}-1}e^{\sqrt{x}}$$

$$y' = \frac{m}{2}(x)^{-\frac{1}{2}}e^{\sqrt{x}}$$

$$y' = \frac{m}{2(x)^{\frac{1}{2}}} e^{\sqrt{x}}$$

$$y' = \frac{m}{2\sqrt{x}} e^{\sqrt{x}}$$

Ejercicio 77:

$$y = x^2 ArcCsc(e^x)$$

$$y' = (x^2)' Csc(e^x) + (x^2)Csc(e^x)'(e^x)'$$

$$y' = 2xCsc(e^x) + x^2\left(-\frac{e^{x'}}{e^x\sqrt{(e^x)^2 - 1}}\right)e^x$$

$$y' = 2xCsc(e^x) - e^x x^2 \frac{e^x}{e^x\sqrt{(e^x)^2 - 1}}$$

$$y' = 2xCsc(e^x) - \frac{e^x x^2}{\sqrt{(e^x)^2 - 1}}$$

Ejercicio 78:

$$y = ArcCtg(e^x)$$

$$y' = -\frac{(e^x)'}{1 + (e^x)^2}$$

$$y' = -\frac{e^x}{1 + (e^x)^2}$$

149

Ejercicio 79:

$$y = e^x(4Cos(x) - 7)$$

$$y' = e^{x'}(4Cosx - 7) + e^x(4Cosx - 7)'$$

$$y' = e^x(4Cosx - 7) + e^x(4(-Senx))$$

$$y' = e^x(4Cosx - 7) - 4e^xSenx$$

$$y' = e^x(4Cosx - 4Senx - 7)$$

Ejercicio 80:

$$y = \frac{e^x}{x^3}$$

$$y' = \frac{(e^x)'(x^3) - (x^3)'(e^x)}{(x^3)^2}$$

$$y' = \frac{e^x(x^3) - (3x^{3-1})e^x}{x^6}$$

$$y' = \frac{e^x(x^3) - (3x^2)e^x}{x^6}$$

$$y' = \frac{x^2e^x(x - 3)}{x^6}$$

$$y' = \frac{e^x(x - 3)}{x^4}$$

Ejercicio 81:

$$y = \frac{4x^4}{e^x}$$

$$y' = \frac{(4x^4)'e^x - e^{x'}(4x^4)}{(e^x)^2}$$

$$y' = \frac{(4.4x^{4-1})e^x - e^x(4x^4)}{(e^x)^2}$$

$$y' = \frac{(16x^3)e^x - e^x(4x^4)}{e^{2x}}$$

$$y' = \frac{4x^3 e^x(4-x)}{e^{2x}}$$

$$\boxed{y' = -\frac{4x^3(x-4)}{e^x}}$$

Ejercicio 82:

$$y = e^x Ctg(5x)$$

$$y' = e^{x'} Ctg(5x) + e^x (Ctg(5x))'(5x)'$$

$$y' = e^x Ctg(5x) + e^x(-Csc^2(5x))5$$

$$y' = e^x Ctg(5x) - 5e^x Csc^2(5x)$$

$$\boxed{y' = e^x(Ctg(5x) - 5Csc^2(5x))}$$

Ejercicio 83:

$$y = x^4 Ln(x)$$

$$y' = x^{4'} Ln(x) + x^4 (Ln(x))'$$

$$y' = 4x^{4-1} Ln(x) + x^4 \frac{1}{x}$$

$$y' = 4x^3 Ln(x) + x^3$$

$$\boxed{y' = x^3 (4Ln(x) + 1)}$$

Ejercicio 84:

$$y = \frac{1}{x^2} - \frac{Cos(x)}{x^3} + Ln(x)$$

$$y' = x^{-2} - \frac{(Cos(x))'(x^3) - (x^3)'Cos(x)}{(x^3)^2} + (Ln(x))'$$

$$y' = (-2)x^{-2-1} - \frac{(-Sen(x)x^3 - 3x^{3-1}Cos(x))}{x^6} + \frac{1}{x}$$

$$y' = -2x^{-3} + \frac{(Sen(x))x^3 + 3x^2 Cos(x)}{x^6} + \frac{1}{x}$$

$$y' = -\frac{2}{x^3} + \frac{x^2(xSen(x) + 3(Cos(x)))}{x^6} + \frac{1}{x}$$

$$\boxed{y' = -\frac{2}{x^3} + \frac{(xSen(x) + 3Cos(x))}{x^4} + \frac{1}{x}}$$

Ejercicio 85:

$$y = Ln(2x)$$

$$y' = \frac{(2x)'}{2x}$$

$$y' = \frac{2}{2x}$$

$$y' = \frac{1}{x}$$

Ejercicio 86:

$$y = 3Ln(4x^2)$$

$$y' = \frac{3.(4x^2)'}{4x^2}$$

$$y' = \frac{3(4.2)x^{2-1}}{4x^2}$$

$$y' = \frac{24x}{4x^2}$$

$$y' = \frac{6}{x}$$

Ejercicio 87:

$$y = Ln(Log(2x))$$

$$y' = \frac{\left(Log(2x)\right)'(2x)'}{Log2x}$$

$$y' = \frac{\dfrac{Log(e)(2)}{2x}}{\dfrac{Log(2x)}{1}}$$

$$\boxed{y' = \frac{Log(e)}{xLog(2x)}}$$

Ejercicio 88:

$$y = xLog(Lnx) + 6$$

$$y' = (x)'Log(Lnx) + (x)Log(Lnx)' + (6)'$$

$$y' = (1)Log(Lnx) + (x)\frac{Log(e)}{Lnx}(Lnx)' + 0$$

$$y' = Log(Lnx) + (x)\frac{Log(e)}{Lnx} \cdot \frac{1}{x}$$

$$\boxed{y' = Log(Lnx) + \frac{Log(e)}{Lnx}}$$

Ejercicio 89:

$$y = e^{Cosx}$$

$$y' = (Cosx)' e^{Cosx}$$

$$\boxed{y' = (-Senx) e^{Cosx}}$$

Ejercicio 90:

$$y = x^2 e^{Cos(x)Sen(x)}$$

$$y' = (x^2)'(e^{Cos(x)Sen(x)}) + (x^2)(e^{Cos(x)Sen(x)})'(Cos(x)Sen(x))'$$

$$y' = 2x(e^{Cos(x)Sen(x)}) + x^2(e^{Cos(x)Sen(x)})(-Sen(x)Sen(x) + Cos(x)Cos(x))$$

$$y' = 2xe^{Cos(x)Sen(x)} + x^2 e^{Cos(x)Sen(x)}(Cos^2(x) - Sen^2(x))$$

$$y' = xe^{Cos(x)Sen(x)}(2 + x(Cos^2(x) - Sen^2(x)))$$

Ejercicio 91:

$$y = e^{2x} Ln(Cos(x))$$

$$y' = (e^{2x})(2x)'Ln\big(Cos(x)\big) + e^{2x}(Ln(Cos(x)))'$$

$$y' = (e^{2x})'(2x)'Ln(Cos(x)) + e^{2x}\frac{(Cos(x))'}{Cos(x)}$$

$$y' = (e^{2x})(2)Ln(Cos(x)) + e^{2x}\frac{(-Sen(x))}{Cos(x)}$$

$$y' = 2(e^{2x})Ln(Cos(x)) - (e^{2x})Tg(x)$$

$$y' = e^{2x}(2Ln(Cos(x)) - Tg(x))$$

Ejercicio 92:

$$y = a^{(5x+4)}$$

$$y' = a^{(5x+4)}Ln(a)(5x+4)'$$

$$y' = a^{(5x+4)}Ln(a)(5)$$

$$y' = (5)a^{(5x+4)}Ln(a)$$

Ejercicio 93:

$$y = a^{Sen(x)}$$

$$y' = a^{Sen(x)}Ln(a)(Sen(x))'$$

$$y' = a^{Sen(x)}Ln(a)(Cos(x))$$

Ejercicio 94:

$$y = a^{Tg(x)}$$

$$y' = a^{Tg(x)}Ln(a).Tg(x)$$

$$y' = a^{Tgx}Ln(a)Sec^2(x).$$

Ejercicio 95:

$$y = u^{(m^2+m+6)}$$

$$y' = (m^2 + m + 6)u^{(m^2+m+6)}(m^2 + m + 6)'$$

$$y' = (m^2 + m + 6)u^{(m^2+m+6-1)}(2m^{2-1} + 1) + Ln(u)u^{(m^2+m+6-1)}$$

$$y' = (m^2 + m + 6)u^{(m^2+m+5)}(2m + 1) + Ln(u)u^{(m^2+m+6-1)}$$

Ejercicio 96:

$$y = e^x u^x$$

$$y' = e^{x'}u^x + e^x u^{x'}$$

$$y' = e^x u^x + e^x(xu^{x-1} + Ln(u)u^x)$$

Ejercicio 97:

$$y = u^{x-7}Cos(x)$$

$$y' = (u^{x-7})'Cos(x) + u^{x-7}(Cos(x))'$$

$$y' = ((x - 7)u^{x-7-1} + Ln(u)u^{x-7})Cos(x) + u^{x-7}(-Sen(x))$$

$$y' = ((x - 7)u^{x-8} + Ln(u)u^{x-7})Cos(x) - u^{x-7}Sen(x)$$

Ejercicio 98:

$$y = a^{(5x^2-6)} + u^x + e^x$$

$$y' = a^{(5x^2-6)'} + u^{x'} + e^{x'}$$

$$y' = a^{(5x^2-6)}Ln(a)(10x) + xu^{x-1} + Ln(u)u^x e^x$$

Ejercicio 98:

$$y = Ln\left(\frac{1 + x\sqrt{5} + x^3}{1 - x\sqrt{5} + x^3}\right)$$

$$y' = \frac{\left(\dfrac{1 + x\sqrt{5} + x^3}{1 - x\sqrt{5} + x^3}\right)'}{\left(\dfrac{1 + x\sqrt{5} + x^3}{1 - x\sqrt{5} + x^3}\right)}$$

$$y' = \frac{\dfrac{\left(1 + x\sqrt{5} + x^3\right)'\left(1 - x\sqrt{5} + x^3\right) - \left(1 - x\sqrt{5} + x^3\right)'\left(1 + x\sqrt{5} + x^3\right)}{(1 - x\sqrt{5} + x^3)^2}}{\left(\dfrac{1 + x\sqrt{5} + x^3}{1 - x\sqrt{5} + x^3}\right)}$$

$$y' = \frac{\dfrac{\left(0 + \sqrt{5} + 3x^{3-1}\right)\left(1 - x\sqrt{5} + x^3\right) - (0 - \sqrt{5} + 3x^{3-1})(1 + x\sqrt{5} + x^3)}{(1 - x\sqrt{5} + x^3)^2}}{\left(\dfrac{1 + x\sqrt{5} + x^3}{1 - x\sqrt{5} + x^3}\right)}$$

$$y' = \frac{\dfrac{\left(\sqrt{5} + 3x^2\right)\left(1 - x\sqrt{5} + x^3\right) - (-\sqrt{5} + 3x^2)(1 + x\sqrt{5} + x^3)}{(1 - x\sqrt{5} + x^3)^2}}{\left(\dfrac{1 + x\sqrt{5} + x^3}{1 - x\sqrt{5} + x^3}\right)}$$

$$y' = \frac{\dfrac{\sqrt{5} - 5x + x^3\sqrt{5} + 3x^2 - 3x^3\sqrt{5} + 3x^5 - (3x^2 + 3x^3\sqrt{5} + 3x^5 - \sqrt{5} - 5x - x^3\sqrt{5})}{(1 - x\sqrt{5} + x^3)^2}}{\dfrac{(1 + x\sqrt{5} + x^3)}{(1 - x\sqrt{5} + x^3)}}$$

$$y' = \frac{\dfrac{\sqrt{5} - 5x + x^3\sqrt{5} + 3x^2 - 3x^3\sqrt{5} + 3x^5 - 3x^2 - 3x^3\sqrt{5} - 3x^5 + \sqrt{5} + 5x + x^3\sqrt{5}}{1 - x\sqrt{5} + x^3}}{1 + x\sqrt{5} + x^3}$$

$$y' = \frac{2\sqrt{5} - 4x^3\sqrt{5}}{\left(1 - x\sqrt{5} + x^3\right)(1 + x\sqrt{5} + x^3)}$$

Práctica interactiva de derivadas

Pon a prueba tus conocimientos por medio de esta práctica interactiva, donde deberás llenar los espacios vacíos y colocar los pasos necesarios a medida que te lo va indicando el ejercicio. Si no obtienes el resultado tal como te lo indica el ejercicio al final, deberás examinar en qué parte matemática estas fallando, ayudándote a identificar tus errores.

En muchos casos deberás realizar una serie de transformaciones antes de comenzar a derivar. Por ejemplo, en las funciones trigonométricas si aparecen funciones como $\frac{1}{Cos(x)}$ y el ejercicio te indica que debes realizar una transformación colocas su inversa, es decir, $Sec(x)$. Luego aparecerá el símbolo de la derivada y ahí es cuando comenzaras a derivar la función resultante de la transformación.

Ejercicio 1:

$$y = 2a^3 - 10a + \sqrt{a}$$

$$y' = 2a^3 - 10a - a^{\left(-\right)}$$

$$y' = 2.(\quad)a^{\left(\quad\right)} - 10(\quad) + \frac{1}{2}a^{-}$$

$$y' = (\quad)^{\ 2} - 10 + \frac{1}{2}^{\ -\frac{1}{2}}$$

$$y' = (\quad)^{\ 2} + \frac{}{2}^{\ -} - 10$$

$$y' = (\ )^{\ 2} + \frac{1}{(\ )\sqrt{\ }} - 10$$

$$y' = (6)a^2 + \frac{1}{(2)\sqrt{a}} - 10$$

Ejercicio 2:

$$y = \frac{x^5}{(a+b)} - \frac{x^2}{(a-b)}$$

$$y' = \frac{(\ )x^{(\ )}}{(\ )} - \frac{(\ )x^{(\ )}}{(\ )}$$

$$y' = \frac{(\ )x^{(\ )}}{(\ )} - \frac{(\ )x^{(\ )}}{(\ )}$$

$$y' = \frac{(5)x^{(4)}}{(a+b)} - \frac{(2)x}{(a-b)}$$

Ejercicio 3:

$$y = \sqrt{5x} - 10\sqrt[4]{x}(x+3)$$

$$y' = 5x^{-} - 10x^{-}(x+3)$$

$$y' = 5x^{-} - 10x^{-}x - (\ )x^{\frac{1}{4}}$$

$$y' = 5x^{-} - 10x^{-+(\ )} - (\ )x^{\frac{1}{4}}$$

$$y' = 5x^{-} - x^{-} - (\ )x^{\frac{1}{4}}$$

$$y' = 5\frac{1}{2}x^{--(\ )} - 10\left(\frac{1}{4}\right)x^{--(\ )} - (\ )\frac{1}{2}x^{\frac{1}{4}-(\ )}$$

$$y' = -x^{--} - \frac{25}{2}(\ )^{-} - \frac{}{2}x^{-\frac{3}{4}}$$

$$y' = \frac{5}{2x^{-}} - \frac{25}{2}x^{\frac{1}{4}} - \frac{}{2x^{-}}$$

$$y' = \frac{5}{2\sqrt{\ }} - \frac{25\sqrt{\ }}{2} - \frac{15}{2\sqrt{\ }}$$

$$y' = (\ )\left(\frac{}{2\sqrt{\ }} - \frac{\sqrt{\ }}{2} - \frac{3}{2\sqrt{\ }}\right)$$

$$y' = 5\left(\frac{1}{2\sqrt{x}} - \frac{5\sqrt{\ }}{2} - \frac{3}{2\sqrt[4]{x^3}}\right)$$

Ejercicio 4:

$$y = \frac{(x-a)^2}{(x-2)^3}$$

$$y' = \frac{(x-a)^{2(\ )}(x-2)^3(\ )(x-a)^2(x-2)^{3(\ )}}{[(x-2)^3]^{(\ )}}$$

$$y' = \frac{(\ )(x-a)^{(\ )}(x-2)^3(\ )(x-a)^2(x-2)^{(\ )}}{(x-2)^{(\ )}}$$

$$y' = \frac{(\ )(x-a)^{(\ )}(x-2)^3(\ )(x-a)^2(x-2)^{(\ )}}{(x-2)^{(\ )}}$$

$$y' = \frac{(\quad)(\quad)^2[(\quad)(\quad) - (\quad)(\quad)]}{(x-2)^{(\quad)}}$$

$$y' = \frac{(\quad)[(\quad)(\quad) - (\quad)(\quad)]}{(x-2)^{(\quad)}}$$

$$y' = \frac{(\quad)(2x - 4 - 3x + 3a)}{(x-2)^{(\quad)}}$$

$$y' = \frac{(\quad)(\quad)}{(x-2)^{(4)}}$$

$$y' = \frac{(x-a)(3a - x - 4)}{(x-2)^{(4)}}$$

Ejercicio 5:

$$y = \frac{1}{2}(x + m)^2$$

$$y' = \frac{1}{2}(\quad)(x + m)^{(\quad)}$$

$$y' = (\quad)$$

$$y' = (x + m)$$

162

Ejercicio 6:

$$y = (Cos(x) + Sen(x))\sqrt{x}$$

$$y' = (Cos(x) + Sen(x))x^{-}$$

$$y' = (Cos(x) + Sen(x))'x^{\frac{1}{2}} + (Cos(x) + Sen(x))x^{\frac{1}{2}'}$$

$$y' = ((\quad) + Cos(x))x^{\frac{1}{2}} + (Cos(x) + Sen(x)) - x^{--(\ )}$$

$$y' = ((\quad) - (\quad))x^{\frac{1}{2}} + (Cos(x) + Sen(x)) - x^{-}$$

$$y' = ((\quad) - (\quad))x^{\frac{1}{2}} + -\frac{Cos(x) + Sen(x))}{x^{-}}$$

$$y' = ((\quad) - (\quad))x^{\frac{1}{2}} + \frac{Cos(x) + Sen(x)}{(\ )\sqrt{}}$$

$$y' = \frac{(\ )(Cos(x) - Sen(x)) + Cos(x) + Sen(x)}{(\ )\sqrt{}}$$

$$y' = \frac{2x(Cos(x) - Sen(x)) + Cos(x) + Sen(x)}{2\sqrt{x}}$$

Ejercicio 7:

$$y = ArcSen(\sqrt{Cos(x)})$$

$$y = ArcSen(Cos(x))^{-}$$

$$y' = \frac{(Cos(x))^{-}{}'(Cos(x))'}{\sqrt{1 - \left[(Cos(x))^{-}\right]^{(\ )}}}$$

$$y' = \frac{\frac{1}{2}(Cos(x))^{-(\ )}(\quad)}{\sqrt{1 - Cos(x)}}$$

$$y' = \frac{(\ )\frac{(\quad)(Cos(x))^{-}}{(\ )}}{\sqrt{1 - Cos(x)}}$$

$$y' = \frac{\frac{-Sen(x)}{2(\quad)^{-}}}{\frac{\sqrt{1 - Cos(x)}}{1}}$$

$$y' = \frac{-Sen(x)}{2(\quad)^{-}(\qquad)}$$

$$y' = -\frac{Sen(x)}{2(\quad)(\qquad)}$$

$$y' = -\frac{Sen(x)}{2\sqrt{Cos(x)}\sqrt{1 - Cos(x)}}$$

Ejercicio 8:

$$y = \frac{Ln(Cos(x))}{2}$$

$$y' = \frac{\frac{(\quad)'}{Cos(x)}}{\frac{2}{1}}$$

$$y' = \frac{\frac{(\;)(\quad)}{Cos(x)}}{\frac{2}{1}}$$

$$y' = \frac{-Sen(x)}{2(\quad)}$$

$$y' = -\frac{1}{2}\frac{Sen(x)}{(\quad)}$$

$$y' = -\frac{1}{2}(\quad)$$

$$\boxed{y' = -\frac{1}{2}Tg(x)}$$

Ejercicio 9:

$$y = ArcCsc(8m)$$

$$y' = -\frac{(\;)'}{(\;)\sqrt{(8m)^{(\;)}-1}}$$

$$y' = -\frac{(\;)}{(\;)\sqrt{(\;)m^2-1}}$$

$$y' = -\frac{1}{(\quad)\sqrt{(\quad)m^2 - 1}}$$

$$y' = -\frac{1}{m\sqrt{64m^2 - 1}}$$

Ejercicio 10:

$$y = \frac{(x-5)^3}{\sqrt{(x-a)}}$$

$$y = \frac{(x-5)^3}{(x-a)^{\frac{1}{2}}}$$

$$y' = \frac{(x-5)^{3\prime}(x-a)^{\frac{1}{2}} - (\quad)^3(\quad)^{\frac{1}{2}\prime}}{\left[(x-a)^{\frac{1}{2}}\right]^2}$$

$$y' = \frac{(\quad)(x-5)^{(\quad)}(x-a)^{\frac{1}{2}} - (x-5)^3\frac{1}{2}(x-a)^{--(\quad)}}{(x-a)}$$

$$y' = \frac{(\quad)(x-5)^{(\quad)}(x-a)^{\frac{1}{2}} - \frac{1}{2}(x-5)^3(x-a)^{--}}{(x-a)}$$

$$y' = \frac{(\quad)(x-5)^{(\quad)}(x-a)^{\frac{1}{2}} - \frac{(x-5)^3}{2(x-a)^{\frac{1}{2}}}}{(x-a)}$$

$$y' = \frac{\dfrac{(\ \ )(\ \ )(x-5)^{(\ \ )}(x-a)^{\frac{1}{2}}(x-a)^{\frac{1}{2}}-(\quad)^{(\ )}}{2(x-a)^{\frac{1}{2}}}}{(\quad)}$$

$$y' = \frac{\dfrac{(\ \ )(x-5)^{(\ )}(x-a)-(\quad)^{(\ )}}{2(x-a)^{\frac{1}{2}}}}{(\quad)}$$

$$y' = \frac{(\ \ )(x-5)^2(x-a)-(x-5)^3}{2(x-a)^{\frac{1}{2}}(\quad)}$$

$$y' = \frac{(\quad)^{(\ )}[(\ \ )(x-a)-(\quad)]}{2(x-a)^{\frac{1}{2}+(\ )}}$$

$$y' = \frac{(\quad)^{(\ )}((\ \ )x-(\ \ )a-x+5)}{2(x-a)^{\frac{3}{2}}}$$

$$y' = \frac{(\quad)^{(\ )}((\ \ )x-(\ \ )a+5)}{2(x-a)^{\frac{3}{2}}}$$

$$y' = \frac{(x-5)^2(5x-6a+5)}{2(x-a)^{\frac{3}{2}}}$$

Ejercicio 11:

$$y = \sqrt{\frac{x}{(x+1)}}$$

$$y = \left(\frac{x}{x+1}\right)^{\frac{1}{2}}$$

$$y' = \left(\frac{x}{x+1}\right)^{\frac{1}{2}'} \left(\frac{}{(\quad)}\right)$$

$$y' = \frac{1}{2}\left(\frac{x}{x+1}\right)^{--(\ )} \left(\frac{(x)'(x+1) - (\ )(\quad)}{(x+1)^2}\right)$$

$$y' = \frac{1}{2}\left(\frac{x}{x+1}\right)^{--} \left(\frac{(1)(x+1) - (x)(\ )}{(x+1)^2}\right)$$

$$y' = \frac{(x+1)^-}{2(\ )^-} \left(\frac{x+1-x}{(x+1)^2}\right)$$

$$y' = \frac{(x+1)^-}{2x^-} \left(\frac{}{(x+1)}\right)$$

$$y' = \frac{(x+1)^-}{2x^-(x+1)}$$

$$y' = \frac{(x+1)^-(x+1)^{-2}}{2x^-}$$

$$y' = \frac{(x+1)^{--}}{2x^-}$$

$$y' = \frac{1}{2x^-(x+1)^-}$$

$$y' = \frac{1}{2\sqrt{}\sqrt{()}}$$

$$y' = \frac{1}{2\sqrt{}(x+1)\sqrt{()}}$$

$$y' = \frac{1}{2\sqrt{x}(x+1)\sqrt{x+1}}$$

Ejercicio 12:

$$y = \frac{x}{x^2+1}$$

$$y' = \frac{()'(x^2+1) - (x)()'}{(x^2+1)}$$

$$y' = \frac{()(x^2+1) - (x)()}{(x^2+1)}$$

$$y' = \frac{x^2+1-2()}{(x^2+1)}$$

$$y' = \frac{1}{(x^2+1)}$$

$$y' = \frac{1-x^2}{(x^2+1)^2}$$

Ejercicio 13:

$$y = \sqrt[3]{x^2}$$

$$y' = x^{\frac{2}{3}}$$

$$y' = -x^{--1}$$

$$y' = -x^{--}$$

$$y' = \frac{}{3x^-}$$

$$y' = \frac{}{3\sqrt{}}$$

$$\boxed{y' = \frac{2}{3\sqrt[3]{x}}}$$

Ejercicio 14:

$$y = \frac{5x^2 - x + 7e^x}{2}$$

$$y' = \frac{5(\ )x^{(\ )} - (\ ) + 7(\ )}{2}$$

$$y' = \frac{(\ )x^{(\ )} - (\ ) + 7(\ )}{2}$$

$$\boxed{y' = \frac{10x + 7e^x - 1}{2}}$$

Ejercicio 15:

$$y = Log(x^2)$$

$$y' = \frac{Log(e)\ (\quad)'}{}$$

$$y' = \frac{Log(e)(2x)}{}$$

$$y' = \frac{(\ )Log(e)}{}$$

$$y' = \frac{2Log(e)}{x}$$

Ejercicio 16:

$$y = 9Csc(e^x)$$

$$y' = 9[Csc(e^x)\ (\ )']$$

$$y' = 9(-Csc(e^x).Ctg(\quad).(\quad))$$

$$y' = (\quad)Csc(e^x).Ctg(e^x)$$

$$y' = -9e^x Csc(e^x).Ctg(e^x)$$

Ejercicio 17:

$$y = e^{\sqrt{x}+3x+6}$$

$$y' = (\qquad)e^{(\qquad)}$$

$$y' = \left(\frac{1}{2}x^{-\frac{1}{2}} + 3\right).e^{(\qquad)}$$

$$y' = \left(\frac{1}{(\quad)} + 3\right).e^{(\qquad)}$$

$$y' = \left(\frac{1 + 3(2x^{\frac{1}{2}})}{(\quad)}\right).e^{(\qquad)}$$

$$y' = \left(\frac{1 + (\;)x^{\frac{1}{2}})}{(\quad)}\right).e^{(\qquad)}$$

$$y' = \left(\frac{1 + (\;)(\;)}{2\sqrt{x}}\right).e^{(\qquad)}$$

$$y' = \left(\frac{1 + 6\sqrt{x}}{2\sqrt{x}}\right).e^{\sqrt{x}+3x+6}$$

Ejercicio 18:

$$y = Sen(30x)Cos(19x)$$

$$y' = Sen(30x)'(\quad)'Cos(19x) + (\qquad)Cos(19x)'(\quad)'$$

$$y' = (\;)(\qquad)Cos(19x) + (\qquad)(\qquad)(19)$$

172

$$y' = (\quad)(\qquad)Cos(19x) - 19Sen(30x)(\qquad)$$

$$y' = 30Cos(30x)Cos(19x) - 19Sen(30x)Sen(19x)$$

Ejercicio 19:

$$y = \frac{Tg(x)}{\sqrt[3]{x}}$$

$$y = \frac{Tg(x)}{}$$

$$y' = \frac{(Tg(x))'x^{\frac{1}{3}} - (Tg(x))x^{\frac{1}{3}'}}{(\quad)^{(\ )}}$$

$$y' = \frac{(\quad)x^{\frac{1}{3}} - Tg(x)\left(\frac{1}{}x^{(\quad)}\right)}{x^{\frac{2}{3}}}$$

$$y' = \frac{(\quad)x^{\frac{1}{3}} - Tg(x)\left(\frac{1}{3(\ )}\right)}{x^{\frac{2}{3}}}$$

$$y' = \frac{(\quad)x^{\frac{1}{3}} - \dfrac{Tg(x)}{3(\ )^{-}}}{x^{\frac{2}{3}}}$$

$$y' = \frac{\dfrac{3(\ )Sec^2(x)\left(x^{\frac{1}{3}}\right) - Tg(x)}{3x^{\frac{2}{3}}}}{x^{\frac{2}{3}}}$$

$$y' = \frac{3(\ )Sec^2(x)\left(x^{\frac{1}{3}}\right) - Tg(x)}{(\ \ )}$$

$$y' = \frac{3(\ )Sec^2(x)\left(x^{\frac{1}{3}}\right) - Tg(x)}{(\ \ )}$$

$$y' = \frac{3(x^{\frac{1}{3}+}\ )Sec^2(x) - Tg(x)}{(\ \ )}$$

$$y' = \frac{3(x^{\frac{1}{3}+}\ )Sec^2(x) - Tg(x)}{(\ \ )}$$

$$y' = \frac{3(\ )Sec^2(x) - Tg(x)}{3\sqrt{x^4}}$$

$$y' = \frac{3(\ )Sec^2(x) - Tg(x)}{3(\ )\sqrt[3]{\ \ }}$$

$$y' = \frac{3xSec^2(x) - Tg(x)}{3x\sqrt[3]{x}}$$

Ejercicio 20:

$$y = \frac{ArcCos(x)}{(x-a)^2}$$

$$y' = \frac{(\ \ \ \ )'(x-a)^2 - (ArcCos(x))(\ \ \ \ )'}{[(x-a)^2]^2}$$

$$y' = \frac{-\frac{(\ )'}{(\ )}(\ )^2 - ArcCos(x)(\ )'}{(x-a)}$$

$$y' = \frac{-\frac{(\ )}{(\ )}(\ ) - ArcCos(x)(\ )(x-a)}{(x-a)}$$

$$y' = \frac{-\frac{(\ )}{(\ )} - 2ArcCos(x)(x-a)}{(x-a)}$$

$$y' = \frac{\frac{-(\ )^2 - 2(\ )ArcCos(x)(x-a)}{\sqrt{1-x^2}}}{(x-a)^4}$$

$$y' = \frac{-(\ )^2 - 2(\ )ArcCos(x)(x-a)}{(x-a)\ \sqrt{1-x^2}}$$

$$y' = -\frac{(\ )[(x-a) + 2(\ )ArcCos(x)]}{(x-a)\ \sqrt{1-x^2}}$$

$$y' = -\frac{[(x-a) + 2(\ )ArcCos(x)]}{(x-a)\ \sqrt{1-x^2}}$$

$$y' = -\frac{[(x-a) + 2(\ )ArcCos(x)]}{(x-a)\ \sqrt{1-x^2}}$$

$$y' = -\frac{[(x-a) + 2(\sqrt{1-x^2})ArcCos(x)]}{(x-a)^3\sqrt{1-x^2}}$$

Ejercicio 21:

$$y = Csch(100x)$$

$$y' = Csch(100x)'(\quad)'$$

$$y' = (\ )(\qquad)(\qquad)100$$

$$y' = (\ )(\quad)Csch(100x).Ctgh(100x)$$

$$\boxed{y' = -100Csch(100x)Ctgh(100x)}$$

Ejercicio 22:

$$y' = Senh\left(\frac{x}{2}\right)Cosh\left(\frac{1}{x}\right)$$

$$y' = Senh\left(\frac{x}{2}\right)Cosh(x^{-1})$$

$$y' = Senh\left(-\right)'\left(-\right)'(\qquad) + (\qquad)Cosh\left(\frac{1}{x}\right)'(x^{-1})'$$

$$y' = (\qquad)\left(-\right)\left(-\right)(\qquad) + Senh\left(-\right)(\quad)(\quad)^{-1-(\ )}$$

$$y' = -Cosh\left(\frac{x}{2}\right)Cosh\left(\frac{1}{2}\right) + Senh\left(\frac{x}{2}\right)(\qquad)\left(--\right)$$

$$y' = -Cosh\left(\frac{x}{2}\right)Cosh\left(\frac{1}{x}\right) - \left(-\right)Senh\left(\frac{x}{2}\right)(\qquad)$$

$$\boxed{y' = \frac{1}{2}Cosh\left(\frac{x}{2}\right)Coosh\left(\frac{1}{x}\right) - \left(\frac{1}{x^2}\right)Senh\left(\frac{x}{2}\right)Senh\left(\frac{1}{x}\right)}$$

Ejercicio 23:

$$y = \frac{e^x \sqrt{x}}{Cos(x)}$$

$$y = \frac{e^x x^{\frac{1}{2}}}{Cos(x)}$$

$$y' = \frac{\left(e^x . x^{\frac{1}{2}}\right)' Cos(x) - (Cos(x))' \left(e^x . x^{\frac{1}{2}}\right)}{Cos(x)}$$

$$y' = \frac{\left(e^x . x^{\frac{1}{2}} + e^x \left(-(\ )^{--(\ )}\right)\right) Cos(x) - (-Sen(x)) \left(e^x . x^{\frac{1}{2}}\right)}{Cos(x)}$$

$$y' = \frac{\left(e^x . x^{\frac{1}{2}} + e^x \left(-(\ )^{-}\right)\right) Cos(x) + Sen(x) \left(e^x . x^{\frac{1}{2}}\right)}{Cos(x)}$$

$$y' = \frac{\left(e^x . x^{\frac{1}{2}} + \frac{1}{2x^{\frac{1}{2}}}\right) Cos(x) + Sen(x) \left(e^x . x^{\frac{1}{2}}\right)}{Cos(x)}$$

$$y' = \frac{\left(e^x . \sqrt{x} + \frac{1}{2\sqrt{\ }}\right) Cos(x) + Sen(x)(e^x \sqrt{\ })}{Cosx}$$

$$y' = \frac{\left(e^x . \sqrt{x} + \frac{e^x}{2\sqrt{x}}\right) Cos(x) + Sen(x)(e^x \sqrt{x})}{Cos^2(x)}$$

Ejercicio 24:

$$y = Sen(2x)$$

$$y = 2Sen(x)(\quad)$$

$$y' = 2[(\quad)'Cos(x) + Sen(x)(\quad)']$$

$$y' = 2[Cos(x)Cos(x) + Sen(x)(\quad)]$$

$$y' = 2(\quad)$$

$$y' = 2(Cos^2(x) - Sen^2(x))$$

Ejercicio 25:

$$y = Tg(2x)$$

$$y = 2\frac{Tg(x)}{(\quad)}$$

$$y' = 2\left[\frac{(Tg(x))'(1 - Tg^2(x)) - Tg(x)((1 - Tg^2(x))'}{(\quad)}\right]$$

$$y' = 2\left[\frac{Sec^2(x)(1 - Tg^2(x)) - Tg(x)((0 - 2Tg(x)Sec^2(x))}{(\quad)}\right]$$

$$y' = 2\left[\frac{Sec^2(x) - Sec^2(x)Tg^2(x) + 2Tg(x)Tg(x)Sec^2(x)}{(\quad)}\right]$$

$$y' = 2\left[\frac{Sec^2(x) - Sec^2(x)Tg^2(x) + 2.Sec^2(x)Tg^2(x)}{(\quad)}\right]$$

$$y' = 2\left[\frac{Sec^2(x) + Sec^2(x)Tg^2(x)}{(\quad)}\right]$$

$$y' = 2(\quad)\left[\frac{(1 + Tg^2(x)}{(\quad)}\right]$$

$$y' = 2Sec^2(x)\left[\frac{(1 + Tg^2(x)}{(1 + Tg^2(x)}\right]$$

Ejercicio 26:

$$y = 2Sen\left(\frac{x}{2}\right)Cos\left(\frac{x}{2}\right)$$

$$y =$$

$$y' =$$

$$y' =$$

$$y' = \frac{Sen(x)}{Tg(x)}$$

Ejercicio 27:

$$y = \frac{2Tg\left(\frac{x}{2}\right)}{1 + Tg^2\left(\frac{x}{2}\right)}$$

$$y =$$

$$y' =$$

$$y' =$$

$$y' = \frac{1}{Cos^2(x)}$$

Ejercicio 28:

$$y = \frac{1}{8}\sqrt{\frac{1 - Cos(2x)}{2}}$$

$$y = \frac{1}{8}$$

$$y' =$$

$$y' =$$

$$y' = \frac{1}{8}\frac{Sen(x)}{Tg(x)}$$

Ejercicio 29:

$$y = 2Sen\left(\frac{\alpha + \beta}{2}\right)Cos\left(\frac{\alpha - \beta}{2}\right)$$

$$y =$$
$$y' = Cos(\alpha)$$

$$y' = \qquad +$$

$$y' = \frac{Sen(\alpha)}{Tg(\alpha)} + \frac{Sen(\beta)}{Tg(\beta)}$$

Ejercicio 30:

$$y = Sen(a + b).Sen(a - b)$$

$$y = \quad - Sen^2(b)$$

$$y' = \quad - 2Sen(b).Cos(b)$$

$$y' = 2\left(\quad -\frac{Cos(b)}{Tg(b)}\frac{Sen(b)}{Tg(b)}\right)$$

$$y' = 2(\quad - \quad)$$

$$y' = 2\left(\frac{Cos(a)Sen(a)}{Tg^2(a)} - \frac{Cos(b)Sen(b)}{Tg^2(b)}\right)$$

Ejercicio 31:

$$y = \frac{Sen(a - b)}{Cos(a).Cos(b)}$$

$$y = Tg(a) -$$

$$y' = Sec^2(\quad) -$$

$$y' = \frac{1}{\quad} - \frac{1}{Cos( )}$$

$$y' = \frac{1}{Cos^2(a)} - \frac{1}{Cos^2(b)}$$

Ejercicio 32:

$$y = Cos(\alpha)Cos(\beta) - Sen(\alpha)Sen(\beta)$$

$$y =$$

$$y' =$$

$$y' = -\frac{Cos(\quad)}{}$$

$$\boxed{y' = -\frac{Cos(\alpha + \beta)}{Tg(\alpha + \beta)}}$$

Ejercicio 33:

$$y = Ctg(270° + x)$$

$$y =$$

$$y' = -(\quad)$$

$$y' =$$

$$y' = \frac{1}{}$$

$$\boxed{y' = \frac{1}{Sen^2(x)}}$$

Ejercicio 34:

$$y = \frac{1}{10} Sen(180° + x)$$

$$y = \frac{1}{10}$$

$$y' = \frac{1}{10}$$

$$y' = \frac{Sen(x)}{}$$

$$y' = -\frac{Sen(x)}{10Tg(x)}$$

Ejercicio 35:

$$y = Cos(90° + x)$$

$$y =$$

$$y' = -$$

$$y' = \frac{}{Tg(x)}$$

$$y' = -\frac{Sen(x)}{Tg(x)}$$

Ejercicio 36:

$$y = x^2 - \frac{Sen(180° + x)}{2}$$

$$y = x^2 - \frac{}{2}$$

$$y' = (\ )x - ——$$

$$y' = \quad - \overline{2Tg(x)}$$

$$y' = 2x - \frac{Sen(x)}{2Tg(x)}$$

Ejercicio 37:

$$y = -e^x Sen(360° - x)$$

$$y' = e^x(\quad)$$

$$y' = e^x(\quad) +$$

$$y' = (\quad)(Sen(x) + Cos(x))$$

$$y' = e^x(Sen(x) + Cos(x))$$

Ejercicio 38:

$$y = 3Sen^3(x) + 3Cos^3(x)$$
$$y = 3(Sen^3(x) + Cos^3(x))$$

$$y' = 3[3(\quad)(\quad) + (\quad)(\quad)]$$

$$y' = 3.(3)[Sen^2(x)(\quad) - (\quad)(\quad)]$$

$$y' = 9Sen(x)Cos(x)(\quad)$$

$$y' = 9Sen(x)Cos(x)\left(\frac{Cos(x)}{Tg(x)} - \frac{}{Tg(x)}\right)$$

$$y' = 9Sen(x)Cos(x)\left(\frac{Cos(x) - Sen(x)}{}\right)$$

$$y' = 9Sen(x)Cos(x)\left(\frac{Cos(x) - Sen(x)}{Tg(x)}\right)$$

Ejercicio 39:

$$y = 1 + \frac{Sen^2(x)}{Cos^2(x)}$$

$$y = 1 +$$

$$y' = Sec^2(x)$$
$$y' = (\quad)(\quad)Sec(x)Tg(x)$$

$$y' = 2(\quad)Tg(x)$$

$$y' = 2Tg(x)Sec^2(x)$$

Ejercicio 40:

$$y = \frac{1}{Sen(x)}$$

$$y =$$

$$y' = \quad Csc(x)(\quad)$$

$$y' = -Csc(x)Ctg(x).$$

Ejercicio 41:

$$y = -\frac{2}{Cos(x)}Tg(360° - x)$$

$$y = 2Sec(x)(\quad)$$

$$y' = 2[(Sec(x))'(\quad) + (\quad)(Tg(x))']$$

$$y' = 2[Sec(x)Tg(x)(\quad) + (\quad)Sec^2(x)]$$

$$y' = 2Sec(x)[(\quad) + (\quad)]$$

$$y' = 2(\quad)(Tg^2(x) + Sec^2(x))$$

$$y' = 2Sec(x)(Tg^2(x) + Sec^2(x))$$

Ejercicio 42:

$$y = Sen^2(x) + Cos^2(x)$$

$$y =$$

$$y' =$$

$$\boxed{y' = 0}$$

Ejercicio 43:

$$y = 1 + \frac{1}{Tg^2(x)}$$

$$y = 1 +$$

$$y' =$$

$$y' = (\quad)Csc(x)(\qquad\qquad)$$

$$y' = (\qquad)Ctg(x)$$

$$\boxed{y' = -2Ctg(x)Csc^2(x)}$$

Ejercicio 44:

$$y = 4\frac{Cos(x)}{Sen(x)}$$

$$y = 4$$

$$y' = 4(-\quad)$$

$$y' = -(\quad)(\quad)$$

$$y' = -4(1+\quad)$$

$$\boxed{y' = -4(1 + Ctg^2(x))}$$

Ejercicio 45:

$$y = \frac{1}{Tg(x)}Tg(270° + x)$$

$$y = Ctg(x)(\quad)$$

$$y = -Tg(x)Ctg(x)$$

$$y' = -[(\quad)'(Tg(x)) + (Ctg(x))(\quad)']$$

$$y' = -[(-\quad)Tg(x) + Ctg(x)(\quad)]$$

$$y' = -(Ctg(x)Sec^2(x) - \quad)$$

$$\boxed{y' = -(Ctg(x)Sec^2(x) - Csc^2(x)Tg(x))}$$

Ejercicio 46:

$$y = Ctg(90° - x)Tg(x) + 1$$

$$y = (\quad)Tgx + 1$$

$$y = (\quad) + 1$$

$$y = Sec^2(x)$$

$$y' = (\quad)(\quad)Sec(x)Tg(x)$$

$$y' = 2(\qquad)Tg(x)$$

$$y' = 2Sec^2(x)Tg(x)$$

Ejercicio 47:

$$y = \frac{1}{Ctg(x)}$$

$$y =$$

$$y' = Sec(x)$$

$$y' = Sec^2(x)$$

Ejercicio 48:

$$y = -\frac{Sen(x)}{Tg(x)}Cos(x) + 1$$

$$y = -(\qquad)Cos(x) + 1$$

$$y = 1 -$$
$$y =$$

$$y' = (\quad)Sen(x)Cos(x)$$

$$y' = Sen(\quad)$$

$$y' = Sen(2x)$$

Ejercicio 49:

$$y = \frac{1}{Sen(x)}\, Csc(x) - 1$$

$$y = (\quad)Csc(x) - 1$$

$$y = \qquad -1$$

$$y =$$

$$y' = 2Ctg(x)(-\quad)$$

$$y' = -2Ctg(x)(\quad)$$

$$\boxed{y' = -2Ctg(x)Csc^2(x)}$$

Ejercicio 50:

$$y = \frac{1}{Csc^2(x)} + \frac{1}{Sec^2(x)} + x^2$$

$$y = \qquad ^2(x) + \qquad + x^2$$

$$y' = (\;)(\quad)Cos(x) + 2Cos(x)(\qquad) +$$

$$y' = \qquad\qquad + 2x$$

$$y' = (\;)x$$

$$\boxed{y' = 2x}$$

Ejercicios propuestos de derivadas

Consiste en una serie de funciones a las cuales le hallarás su derivada. En algunos casos tienes que aplicar simplificaciones antes de comenzar a derivar.

Funciones Algebraicas

1) $y = 13x^2 - \frac{7}{x} - 9x^3$, $y' = 26x + \frac{7}{x^2} - 27x^2$

2) $y = \frac{5x^3 + 6x^{\frac{1}{2}} - 8}{5}$, $y' = \frac{15x^2 + \frac{3}{\sqrt{x}}}{5}$

3) $y = (4x^2 - 7)^3(5x - \sqrt{5x})$,

$$y' = (4x^2 - 7)^2\left[24x(5x - \sqrt{5x}) + (4x^2 - 7)\left(5 - \frac{5}{2\sqrt{5x}}\right)\right]$$

4) $y = \sqrt{9x^4 - 3x^3 + 4x^2 + 10x - 6}$,

$$y' = \frac{36x^3 - 9x^2 + 8x + 10}{2\sqrt{9x^4 - 3x^3 + 4x^2 + 10x - 6}}$$

5) $y = \frac{\sqrt{x^2-5}}{\sqrt{x^3-7}} - 4x$, $y' = \frac{x}{\sqrt{x^2-5}\sqrt{x^3-7}} - \frac{3x^2\sqrt{x^2-5}}{2(x^3-7)\sqrt{x^3-7}} - 4$

6) $y = 48x^4 - \frac{1}{\sqrt{4x-7}}$, $y' = 192x^3 - \frac{2}{(4x-7)^{\frac{3}{2}}}$

7) $y = \frac{\sqrt{x} - 6\sqrt[3]{2} + 1}{(4x-6)}$, $y' = \frac{-(2x + 4\sqrt{x} - 24\sqrt[3]{2}\sqrt{x} + 3)}{4(2x-3)^2\sqrt{x}}$

8) $y = 2a^3 - 5a^2 + a$, $y' = 6a^2 - 10a + 1$

9) $y = \frac{x^4}{(a+d)} + \frac{x^3}{(a-d)}$, $y' = \frac{4x^3}{(a+d)} + \frac{3x^2}{(a-d)}$

10) $y = 5a^2x^2 - 6abx + 8x^4$, $y' = 10a^2x - 6ab + 32x^3$

11) $y = \sqrt{4x} - 7\sqrt[3]{2x}(x+6)$, $y' = \frac{1}{\sqrt{x}} - 7\sqrt[3]{2x} - \frac{14x+84}{3\sqrt[3]{4}\sqrt[3]{x^2}}$

12) $y = \frac{(x+2)^3}{\sqrt[3]{x}} - \frac{5x}{\sqrt{x}}$, $y' = \frac{3(x+2)^2}{\sqrt[3]{x}} - \frac{5}{2\sqrt{x}} - \frac{(x+2)^3}{3x\sqrt[3]{x}}$

13) $y = \frac{2x}{m} - \frac{7m}{2x} + \frac{x^3}{mn} - \frac{2n}{3x^2}$, $y' = \frac{7m}{2x^2} + \frac{3x^2}{mn} + \frac{2}{m} + \frac{4n}{3x^3}$

14) $y = \frac{1+\sqrt{x}}{1-\sqrt{x}}$, $y' = \frac{1}{\sqrt{x}(\sqrt{x}-1)^2}$

15) $y = x^3\sqrt[3]{2x}$, $y' = \frac{10x^2\sqrt[3]{2x}}{3}$

16) $\quad y = x^2\sqrt{x-5}$, $y' = \frac{5x(x-4)}{2\sqrt{x-5}}$

17) $\quad y = \frac{xx^3(x-5)^3}{(x-4)}$, $y' = \frac{3x^2-\frac{25x}{2}-28}{(x-4)\sqrt{x-4}}$

18) $\quad y = \frac{x^3(x-5)^3}{(x-4)}$, $y' = \frac{[3x^2(x-5)^3+3x^3(x-5)^2](x-4)-x^3(x-5)^3}{(x-4)^2}$

19) $\quad y = \frac{z(z-4)}{\sqrt{z}}$, $y' = \frac{3z-4}{2\sqrt{z}}$

20) $\quad y = \frac{m-7}{(m+4)^{-1}}$, $y' = 2x-3$

21) $\quad y = \frac{4x}{x^{-\frac{1}{2}}}$, $y' = 6\sqrt{x}$

22) $\quad y = 5x + \frac{2}{5x^{-\frac{1}{2}}} + x^{-\frac{1}{2}}$, $y' = \frac{1}{5\sqrt{x}} - \frac{1}{2x\sqrt{x}} + 5$

23) $\quad y = \frac{4(8x-7)^2}{(4x-9)^{-\frac{1}{3}}}$, $y' = \frac{16(448x^2-1312x+805)}{3(4x-9)^{\frac{2}{3}}}$

24) $\quad y = \frac{\sqrt{m}}{5-\sqrt{m}}$, $y' = \frac{5}{2\sqrt{x}(\sqrt{x}-5)^2}$

25) $\quad y = \frac{4}{\frac{1}{2}-\frac{\sqrt{m}}{6}}$, $y' = \frac{12}{\sqrt{x}(\sqrt{x}-3)^2}$

26) $\quad y = \frac{1}{x-3} + \frac{8\sqrt[3]{3}}{3^{-\frac{1}{3}}}$, $y' = -\frac{1}{(x-3)^2}$

27) $\quad y = 14x - \frac{\sqrt{xx-a}}{x-a}$, $y' = \frac{1}{2(x-a)^{\frac{3}{2}}} + 14$

28) $\quad y = \frac{m+bx}{m-\frac{1}{\sqrt{m}}}$, $y' = \frac{b}{m-\frac{1}{\sqrt{m}}}$

29) $\quad y = 3x^{\frac{5}{3}} + 15x^{-\frac{1}{4}} - 30x^2$, $y' = 5\sqrt[3]{x^2} - \frac{15}{4x\sqrt[4]{x}} - 60x$

30) $\quad y = -\frac{10x}{\sqrt{x-a}}$, $y' = \frac{5x}{(x-a)\sqrt{(x-a)}} - \frac{10}{\sqrt{(x-a)}}$

31) $\quad y = -\frac{x}{(a-x)(a+x)}$, $y' = -\frac{(x^2+a^2)}{(x^2-a^2)^2}$

32) $\quad y = \frac{x+\frac{1}{2}}{(x+7)\sqrt{x}}$, $y' = \frac{-(2x^2-11x+7)}{4x\sqrt{x}(x^2+14x+49)}$

33) $\quad y = \frac{x}{x^2+x-3}$ $\quad y' = -\frac{(x^2+3)}{(x^2+x-3)^2}$

34) $\quad y = \frac{(a-x)^3}{x^{\frac{1}{3}}}$, $y' = \frac{(x-a)^3}{3x\sqrt[3]{x}} - \frac{3(x-a)^2}{\sqrt[3]{x}}$

35) $\quad y = (1-5x^4)(1+6x^3)$, $y' = -2x^2(105x^4 + 10x - 9)$

36) $\quad y = (m+3)\sqrt{1-7x}$, $y' = -\frac{7(m+3)}{2\sqrt{1-7x}}$

37) $\quad y = \frac{(x-1)(x+1)}{\sqrt{x-1}}$, $y' = \frac{3x-1}{2\sqrt{x-1}}$

38) $y = \frac{x(a-x)(b+x)}{3}$, $y' = -\frac{(3x^2-2ax-ab+2bx)}{3}$

39) $y = \frac{t^4}{1+t^3}$, $y' = \frac{t^3(t^3+4)}{(t^3+1)^2}$

40) $y = (x^3 - 5x + 3)^4$, $y' = 4(3x^2 - 5)(x^3 - 5x + 3)^3$

41) $y = \sqrt{\frac{x+1}{x-1}}$, $y' = -\frac{1}{(x-1)\sqrt{x+1}\sqrt{x-1}}$

42) $y = \frac{5x^2+3}{x\sqrt{x^2+1}}$, $y' = -\frac{(x^2+3)}{x^2(x^2+1)\sqrt{(x^2+1)}}$

43) $y = \sqrt[3]{x^2 + 2x + 3}$, $y' = \frac{2(x+1)}{3\sqrt[3]{(x^2+2x+3)^2}}$

44) $y = (x - 3)(x^2 + 6x + 3)$, $y' = 3(x^2 + 2x - 5)$

45) $y = (1 + \sqrt[3]{3x})^2$, $y' = \frac{2(\sqrt[3]{3x}+1)}{\sqrt[3]{9}\sqrt[3]{x^2}}$

46) $y = \sqrt[3]{\frac{2x(x^2-3)}{(x-1)^2}}$, $y' = -\frac{2(x^3+x^2-5x-1)}{(2x^3-6x)^{\frac{2}{3}}(x-1)^3}$

47) $y = \frac{(x-3)^3\sqrt{(x-2)^3}}{\sqrt[3]{(x-3)^2}}$, $y' = \frac{7(x-3)^{\frac{4}{3}}(x-2)}{3} + \frac{3(x-3)^{\frac{7}{3}}(x-2)^{\frac{1}{2}}}{2}$

48) $y = x\sqrt{a^3 - x}$, $y' = -\frac{(3x-2a^3)}{2\sqrt{a^3-x}}$

49) $y = \frac{1}{\sqrt[4]{x^3-2}}$, $y' = -\frac{3x^2}{4\sqrt[4]{(x^3-2)^5}}$

50) $y = \frac{\sqrt[3]{4x-3}}{\sqrt[4]{x+6\sqrt{x+\sqrt{x}}}}$

, $y' =$

$\frac{4}{3\sqrt[4]{x+6\sqrt{x+\sqrt{x}}}\sqrt[3]{(4x-3)^2}} - \frac{\sqrt[3]{4x-3}}{4\sqrt{x+\sqrt{x}}(x+6)\sqrt[4]{x+6}} - \frac{\left(\frac{1}{2}+\frac{1}{4\sqrt{x}}\right)\sqrt[3]{4x-3}}{\sqrt[4]{x+6}(x+\sqrt{x})\sqrt{x+\sqrt{x}}}$

Funciones trigonométricas e inversas:

51) $y = Sen(x)Cos(x)$, $y' = Cos(2x)$

52) $y = \frac{Cos(x)}{Tg(x)}$, $y' = -Cos(x)(Ctg^2(x) + 2)$

53) $y = Tg(x) + \frac{Ctg(x)}{86}$, $y' = -\frac{Csc(x^2)}{86} + Sec(x^2)$

54) $y = Csc(x^2)\sqrt{(x + a)^2}$, $y' = Csc(x^2) - 2xCsc(x^2)Ctg(x^2)(x + a)$

55) $y = \frac{Tg(x)}{\sqrt{1-x^2}}$, $y' = \frac{xTg(x)}{\sqrt{(1-x^2)^3}} + \frac{Sec^2(x)}{\sqrt{1-x^2}}$

56) $y = -\frac{Cos(Sen(x))}{2}\frac{1}{1+x^2}$, $y' = \frac{xCos(Sen(x))}{(x^2+1)^2} + \frac{Cos(x)Sen(Sen(x))}{2(x^2+1)}$

57) $\quad y = \frac{Sen(x)}{x\sqrt{x^2+1}}$, $\quad y' = \frac{Cos(x)}{x\sqrt{x^2+1}} - \frac{Sen(x)}{x^2\sqrt{x^2+1}} - \frac{Sen(x)}{(x^2+1)\sqrt{x^2+1}}$

58) $\quad y = ArcSen(x)\frac{1}{(\sqrt{x}+2)}$, $\quad y' = \left(\frac{1}{\sqrt{1-x^2}}\right)\left(\frac{1}{\sqrt{x}+2}\right) - \frac{ArcSen(x)}{2\sqrt{x}(x^{\frac{1}{2}}+2)^2}$

59) $\quad y = \frac{Cos(x)}{x}$, $\quad y' = -\frac{(Cos(x)+xSen(x))}{x^2}$

60) $\quad y = \frac{\sqrt{x-a}}{Sen(x)}$, $\quad y' = \frac{Csc(x)}{2\sqrt{x-a}}$

61) $\quad y = \sqrt{Cos^2x(x)+2}$, $\quad y' = -\frac{Sen(x)Cos(x)}{\sqrt{Cos^2(x)+2}}$

62) $\quad y = \frac{\sqrt{x}}{Sen(x)+Cos(x)}$, $\quad y' = \frac{Ctg(x)}{2\sqrt{x}}$

63) $\quad y = \frac{\sqrt{2}+Cos(x)}{\sqrt{2}-Sen(x)}$, $\quad y' = \frac{-2\sqrt{2}Sen(x)}{\left(\sqrt{2}-Cos(x)\right)^2}$

64) $\quad y = \frac{\sqrt{Sen(x)}+3}{\sqrt{Cos(x)}-3}$, $\quad y' = \frac{\left(\sqrt{Sen(x)}+3\right)Sen(x)}{2\sqrt{Cos(x)}(\sqrt{Cos(x)}-3)^2} + \frac{Cos(x)}{2\sqrt{Senx}(\sqrt{Cos(x)}-3)}$

65) $\quad y = \frac{\sqrt{1-Sen^2(x)}}{x}$, $\quad y' = -\left(\frac{xSen(x)Cos(x)+\left(1-Sen^2(x)\right)}{x^2\sqrt{1-Sen^2(x)}}\right)$

66) $\quad y = \frac{\sqrt{Tg(x)}-x^2}{x}$, $\quad y' = \frac{Sec(x)^2-4x\sqrt{Tg(x)}}{2x\sqrt{Tg(x)}} - \frac{\sqrt{Tg(x)}-x^2}{x^2}$

67) $\quad y = \frac{\sqrt{c}-x}{Ctg(x)}$, $\quad y' = -Tg(x) - \left(x-\sqrt{c}\right)(Sec^2(x))$

68) $\quad y = \frac{x^3+3x^2-3}{\sqrt{Csc^2(x)}}$, $\quad y' = 3x(x^2+2)Sen(x) + (x^3+3x^2-3)Cos(x)$

69) $\quad y = \frac{Tg(\sqrt{Cos(x)})}{\sqrt{x}}$, $\quad y' = -\frac{Sen(x)Sec(\sqrt{Cos(x)})^2}{2\sqrt{xCos(x)}} - \frac{Tg(\sqrt{Cos(x)})}{2x\sqrt{x}}$

70) $\quad y = \frac{\sqrt{x}}{mSen(x)Cos(x)}$, $\quad y' = \frac{Csc(x)Sec(x)}{2m\sqrt{x}} + \frac{\sqrt{x}Sec^2(x)}{m} - \frac{\sqrt{x}Csc^2(x)}{m}$

71) $\quad y = ArcSen(10x)$, $\quad y' = \frac{10}{\sqrt{1-100x^2}}$

72) $\quad y = -\frac{x}{Cosx\sqrt{1+2x^3}}$, $\quad y' = \frac{3x^3Sec(x)}{(2x^3+1)\sqrt{2x^3+1}} - \frac{xSec(x)Tg(x)}{\sqrt{2x^3+1}} - \frac{Sec(x)}{\sqrt{2x^3+1}}$

73) $\quad y = -\frac{(x^2-7)}{Cos(x)+Sen(x)+Tg(x)}$, $\quad y' = \frac{(x^2-7)(Sec^2(x)+Cos(x)-Sen(x))}{(Sen(x)+Cos(x)+Tg(x))^2} - \frac{2x}{Sen+Cos(x)+Tg(x)}$

74) $\quad y = \frac{\sqrt{x}+x+3}{\sqrt{Csc(x)}}$, $\quad y' = \left(1+\frac{1}{2\sqrt{x}}\right)\sqrt{Sen(x)} + \frac{(\sqrt{x}+x+3)Cos(x)}{2\sqrt{Sen(x)}}$

75) $\quad y = \frac{1}{2}Sec(x)Tg(x)$, $\quad y' = \frac{Sec(x)(2Tg^2(x)+1)}{2}$

76) $\quad y = ArcTg\left(\frac{x}{2}\right)$, $\quad y' = \frac{2}{x^2+4}$

194

77) $\quad y = ArcCos^2\left(\frac{Sen(x)}{x}\right)$, $\quad y' = \frac{-2ArcCos\left(\frac{Sen(x)}{x}\right)\left(\frac{xCos(x)-Sen(x)}{x^2}\right)}{\sqrt{1-\frac{Sen^2(x)}{x^2}}}$

78) $\quad y = Tg\left(\frac{\sqrt{x}}{2}\right)$, $\quad y' = \frac{Sec^2\left(\frac{\sqrt{x}}{2}\right)}{4\sqrt{x}}$

79) $\quad y = Sen(x)Cos\left(\frac{2x}{3}\right)$, $\quad y' = Cos(x)Cos\left(\frac{2x}{3}\right) - \frac{2Sen(x)Sen\left(\frac{2x}{3}\right)}{3}$

80) $\quad y = \frac{1}{Cos(x)Sen(x)}$, $\quad y' = Sec^2(x) - Csc^2(x)$

81) $\quad y = Tg^2(x)$, $\quad y' = 2Tg(x)Sec^2(x)$

82) $\quad y = 5mCos(x)$, $\quad y' = -5mSen(x)$

83) $\quad y = \frac{1}{m}Csc(9x)$, $\quad y' = -\frac{9Csc(9x)Cot(9x)}{m}$

84) $\quad y = \left(x^2 + \frac{1}{2}\right)Sen(x)$, $\quad y' = \left(x^2 + \frac{1}{2}\right)Cos(x) + 2xSen(x)$

85) $\quad y = \frac{(x+1)(x-1)}{Cos(x)}$, $\quad y' = (x^2 - 1)Sec(x)Tg(x) + 2xSec(x)$

86) $\quad y = -x(x+1)Sen(x)$, $\quad y' = -x^2Cos(x) - xCos(x) - 2xSen(x) - $
$\quad Sen(x)$

87) $\quad y = \frac{1}{x(x+2)Cos(x)}$, $\quad y' = -\left(\frac{Cos(x)+xSen(x)}{x^2}\right) - Sen(x)$

88) $\quad y = \frac{\sqrt{x}}{(x+3)Tg(x)}$, $\quad y' = $
$\quad \frac{3Tg(x)-2x^2\left(Tg^2(x)\right)-2x^2-6xTg^2(x)-xTg(x)-6x}{2\sqrt{x}Tg^2(x)(x+3)^2}$

89) $\quad y = Cos(4x).Sen(5x)$, $\quad y' = 5Cos(4x)Cos(5x) - 4Sen(4x)Sen(5x).$

90) $\quad y = Tg(5x)Ctg(10x)$,
$\quad y' = 5Ctg(10x)Sec^2(5x) - 10Tg(5x)Csc^2(10x).$

91) $\quad y = \left(\frac{1}{x^2+5x+6}\right)\left(\frac{Cos(x)}{3}\right)$, $\quad y' = -\frac{(2x+5)Cos(x)}{3(x^2+5x+6)^2} - \frac{Sen(x)}{3(x^2+5x+6)}$

92) $\quad y = Csc(5x)$, $\quad y' = -5Csc(5x)Cot(5x)$

93) $\quad yy = ArcSen(9x)$, $\quad y' = \frac{9}{\sqrt{1-81x^2}}$

94) $\quad y = ArcCos(8x)$, $\quad y' = -\frac{8}{\sqrt{1-64x^2}}$

95) $\quad y = ArcTg(20x)$, $\quad y' = \frac{1}{20x^2+\frac{1}{20}}$

96) $\quad y = ArcCsc(22x)$, $\quad y' = -\frac{1}{x\sqrt{484x^2-1}}$

97) $\quad y = ArcCtg(30x)$, $\quad y' = -\frac{30}{1+900x^2}$

98) $y = Sec(100x)$, $\quad y' = 100Sec(100x)Tg(100x)$

Funciones exponenciales y logarítmicas

99) $y = Ln(5x)$, $y' = \frac{1}{x}$

100) $y = (Ln(\sqrt{x}+2))^3$, $y' = \frac{3Ln(\sqrt{x}+2)^2}{2\sqrt{x}(\sqrt{x}+2)}$

101) $y = Ln\left(\frac{1+\sqrt{x}}{\sqrt{x}}\right)$ $y' = -\frac{1}{2(\sqrt{x}+1)x}$

102) $y = \sqrt{Ln(Cos(x))}$, $y' = -\frac{Tg(x)}{2\sqrt{Ln(Cos(x))}}$

103) $y = \left[Ln\left(\frac{1}{Sen(x)}\right)\right]^{\frac{1}{3}}$, $y' = -\frac{Ctg(x)}{3Ln(Sen(x))^{\frac{2}{3}}}$

104) $y = Ln(1 - Cos(x))$, $y' = \frac{Sen(x)}{1-Cos(x)}$

105) $y = 2Ln\left(\frac{x}{3}\right)$ $y' = \frac{2}{x}$

106) $y = \sqrt{4Ln(x^2)}$, $y' = \frac{\sqrt{2}}{x\sqrt{Ln(x^2)}}$

107) $y = -\frac{Ln(x)}{x} + 3$, $y' = \frac{Ln(x)-1}{x^2}$

108) $y = \left(\sqrt{x} + \frac{Ln(x)}{8}\right)^2$, $y' = \left(\frac{1}{2\sqrt{x}} + \frac{1}{8x}\right)\left(\frac{LLn(x)}{4} + 2\sqrt{x}\right)$

109) $y = Log(x)Ln(5x)$, $y' = \frac{Log(e)(Ln(x)+Ln(5))+Log(x)}{x}$

110) $y = x^5Log(10x)$, $y' = 5x^4(Log(x) + 1) + Log(e)x^4$

111) $y = \frac{Log(x)}{10x} - 10\sqrt{Ln(x)}$, $y' = \frac{Log(e)}{10x^2} - \frac{5}{x\sqrt{Ln(x)}} - \frac{Log(x)}{10x^2}$

112) $y = \frac{Log(e^x)}{e^x}$, $y' = \frac{Log(e)-Log(e^x)}{e^x}$

113) $y = \left(\frac{Log(e^x)}{Cos(x)}\right)^2$, $y' = 2Log(e^x)Sec^2(x)(Log(e) + Log(e^x)Tg(x)$

114) $y = Log(x)Tg(x)$, $y' = Log(x)Sec^2(x) + \frac{Log(e)Tgx)}{x}$

115) $y = Log\left(\frac{1}{2x}\right)Csc(\sqrt{Ln(e^x)})$, $y' = \frac{Log(e)Csc(\sqrt{x})Ctg(\sqrt{x})(Ln(x)+Ln(2))}{2\sqrt{x}} - \frac{Log(e)Csc(\sqrt{x})}{x}$

116) $y = Log(Cos(e^x))$, $y' = -Log(e)e^xTg(e^x)$

117) $y = \frac{Log(\sqrt{x})}{\sqrt{x}}$, $y' = -\frac{Log(x)}{4x\sqrt{x}} + \frac{Log(e)}{2x\sqrt{x}}$

118) $y = Ln\left(\frac{2}{x}\right).Log\sqrt{Sen(x)}$, $y' = \frac{Log(e)Ctg(x)(Ln(2)-Ln(x))}{2} - \frac{Log(Sen(x))}{2x}$

119) $y = 2e^{x^x}$, $y' = 2e^x$

120) $y = \sqrt{x}e^x$, $y' = \sqrt{x}e^x + \frac{e^x}{2\sqrt{x}}$

121) $y = \frac{e^{-2\sqrt{x}}}{6}$, $y' = -\frac{1}{6\sqrt{x}e^{-2\sqrt{x}}}$

122) $y = Cos(2x)e^{3x}$, $y' = 3Cos(2x)e^{3x} - 2Sen(2x)e^{3x}$

123) $y = -e^{\frac{1}{x}}Sen(x)$, $y' = \frac{Sen(x)e^{\frac{1}{x}}}{x^2} - Cos(x)e^{\frac{1}{x}}$

124) $y = e^x\sqrt{Cos(x) + Sen(x)}$, $y' = \frac{((Cos(x)-Sen(x))e^x}{2\sqrt{Sen(x)+Cos(x)}} + \sqrt{Sen(x) + Cos(x)}e^x$

125) $y = e^x(x - a)$, $y' = (x - a)e^x + e^x$

126) $y = e^x(x^2 + 3Cos(x))$, $y' = e^x(x^2 + 3Cos(x) - 3Sen(x) + 2x)$

127) $y = \frac{e^x}{x}$, $y' = -\frac{e^x}{x^2} + \frac{e^x}{x}$

128) $y = e^{(x-a)}\frac{(x-a)}{5}$, $y' = \frac{(x-a)e^{x-a}+e^{x-a}}{5}$

129) $y = a^{5x}$, $y' = 5Ln(a)a^{5x}$

130) $y = 18^{10x+6}$, $y' = 10Ln(18).18^{10x+6}$

131) $y = a^{Cosx}$, $y' = -Ln(a)Sen(x)a^{Cos(x)}$

132) $y = a^{\sqrt{x}}$, $y' = \frac{Ln(a)a^{\sqrt{x}}}{2\sqrt{x}}$

133) $y = (1 + a^x)(1 - a^x)$, $y' = -2Ln(a)a^{2x}$

134) $y = (\sqrt{a^x} + 2)^2$, $y' = Ln(a)\sqrt{a^x}(\sqrt{a^x} + 2)$

135) $y = \frac{a^{x+3}}{x+3}$, $y' = \frac{Ln(a)a^{x+3}}{x+3} - \frac{a^{x+3}}{(x+3)^2}$

136) $y = \left(\frac{a^{\sqrt{x+3}}}{\sqrt{x+3}}\right)^2$, $y' = \frac{Ln(a)a^{2\sqrt{x}+6}}{\sqrt{x}(x+3)} - \frac{a^{2\sqrt{x}+6}}{(x+3)^2}$

137) $y = \frac{\sqrt{Cos(x)+a^x}}{a^x-5}$, $y' = -\frac{a^xLn(a)\sqrt{a^x+Cos(x)}}{(a^x-5)^2} + \frac{a^xLn(a)-Sen(x)}{2\sqrt{a^x+Cos(x)}(a^x-5)}$

138) $y = \frac{a^xSen(x)}{Cos(x)}$, $y' = Ln(a)Tg(x)a^x + a^xSec^2(x)$

SEGUNDA PARTE

INTEGRALES

Integrales indefinidas

Las integrales son sumas, pero sumas complejas, ya que no son como las que usualmente estamos acostumbrados. Por lo tanto, son sumas de términos que pueden incluir hasta funciones trigonométricas, funciones algebraicas, funciones exponenciales, funciones logarítmicas, funciones inversas, etc. E incluso, la suma de varios tipos de funciones en conjunto, por esto es el uso del procedimiento de las integrales para resolver este tipo de sumas dependiendo de cuál sea su caso.

Si has llegado a la solución de integrales, es porque ya sabes los procedimientos a seguir para derivar las distintas funciones, ya que derivar es un paso fundamental para solucionarlas. Hago énfasis en el manejo de la solución de las derivadas porque hasta en la solución de integrales sencillas debemos tener un conocimiento previo de cómo resolver derivadas, de esto podrás darte cuenta a medida que vayas avanzando.

Para tener mejor visión en la resolución de integrales, también es importante conocer muchas propiedades que están incluidas al final de este libro.

Por medio de este material será de una manera más accesible resolver las integrales, ya que te indicará los conocimientos necesarios para proseguir en la solución de las mismas. Obviamente cuando estés resolviendo una integral y no puedas proseguir, en un cierto porcentaje se deba tal vez a la falta de conocimientos y práctica de alguna propiedad fundamental para lograr maniobrarlas hasta conseguir la respuesta de dicha integral, por esto incluí todo lo necesario para que eso no suceda, claro está, que la práctica está de tu parte.

En la primera parte, que corresponde a las derivadas, estudiamos, que dada una función $F(x)$ le hallamos su derivada $f(x)$, es decir:

$$f(x) = F'(x)$$

Pero en esta parte se halla lo opuesto, es decir, dada la función $f(x)$ se necesitará hallar la función $F(x)$ que al derivarla sea igual a $f(x)$:

$$F'(x) = f(x)$$

Por ejemplo: Si tenemos la función x^4 para derivarla sería de la siguiente forma:

$$f(x) = F'(x)$$
$$f(x) = (x^4)'$$
$$f(x) = 4x^3$$

(*Resultado de la función al derivarla*)

Ahora si integramos el resultado de la función derivada, es decir, integrar $4x^3$, te debe dar como resultado la función original que te dieron para derivarla, veamos:

$$\int 4x^3 dx$$
$$4\int x^3 dx = 4\frac{x^{3+1}}{3+1} + C$$
$$= 4\frac{x^4}{4} + C$$
$$= x^4 + C$$

El símbolo diferencial (dx)

Cuando colocamos la notación de las integrales, a primera vista te parecerá innecesario colocar el símbolo (dx), el cual es el que cierra el integrando. Pero resulta que este símbolo nos sirve para estar seguros con respecto a qué símbolo de la variable vamos a integrar.

Poe ejemplo:

$$\int (x + m)dm$$

Análisis: La integración se realizará sobre la variable (m), no sobre (x).

A continuación procedo a explicar cada una de las integrales elementales o las llamadas integrales por tabla.

Integrales elementales

1) Integral del diferencial (dx):

$$\int dx = x + C$$

La integral del diferencial (dx) siempre será igual a (x) más la constante (c).

2) Integral de la suma de varias funciones será igual a la suma de la integral de cada una de las funciones más la constante C:

$$\int (du + dv - dw) = u + v - w + C$$

ó

$$\int (udx + vdx - wdx) = \int udx + \int vdx - \int wdx$$

3) Integral del producto de una constante por el diferencial o por una función:

$$\int audv = a \int udv$$

Donde:
a: Constante o número.
u: Función a integrar.
dv: Diferencial.

$$\int adv = a \int dv$$

Donde:

a: Constante o número.

dv: Diferencial.

Cuando una constante le está multiplicando a una función o sólo al diferencial, lo que harás es desplazar la constante al lado izquierdo, quedando la constante fuera del símbolo de integración. Recuerda que al final cuando obtengas el resultado de la integral esa constante le multiplicará al resultado.

Ejemplo 1:

$$\int 5dv = 5\int dv = 5v + C$$

4) Integral de una función la cual está elevada a un exponente:

$$\int v^n dv = \frac{v^{n+1}}{n+1} + C$$

Una integral de este tipo te dará como resultado una fracción. El numerador será la misma base (v) a la cual le sumaras (1) a su exponente (n) y el denominador será la suma del exponente (n) más (1). luego a la fracción le sumas la constante C.

Ejemplo 2:

$$\int x^2 d(x) = \frac{x^{2+1}}{2+1} + C$$
$$\int x^2 d(x) = \frac{x^3}{3} + C$$

Análisis:

x^2: Función a integrar.

$\frac{x^3}{3} + C$: Resultado.

Claramente puedes ver que al exponente de la función (x) le sumas una unidad (1) y que su denominador será la suma del exponente (2) mas uno, dando como resultado $\frac{x^3}{3} + C$.

5) Integral de la forma $\frac{dv}{v}$:

$$\int \frac{dv}{v} = Ln|v| + C$$

ó

Cuando estés en presencia de una integral de la forma $1/v$, dará como resultado el Logarítmo neperiano (Ln) del valor absoluto de la función (v) más la constante C.

Ejemplo 3:

$$\int \frac{dx}{x} = Ln|x| + C$$

Análisis:

$\frac{1}{x}$: Función a integrar.
$Ln|x| + C$: Resultado.

6) Integral de la función exponencial a^v:

$$\int a^v dv = \frac{a^v}{Ln|a|} + C$$

Esta integral trata de una función cuya base consta de un número que en este caso llamamos (a) y donde su exponente es una función (v), donde dará como resultado una fracción, que consta de la misma función a integrar (a^v) como numerador y como denominador será el ($Ln|a|$), donde el argumento del Logaritmo neperiano es (a). Luego esta fracción le sumas la constante C.

Ejemplo:

$$\int 8^{(x+2)}dx$$

$$\int 8^{(x+2)}dx = \frac{8^{(x+2)}(x+2)dx}{Ln|8|} + C$$

$$\int 8^{(x+2)}dx = \frac{8^{(x+2)}(1)}{Ln(2^3)} + C$$

$$\boxed{\int 8^{(x+2)}dx = \frac{8^{(x+2)}}{3Ln|2|} + C}$$

Análisis:

$8^{(x+2)}$: Función a integrar.

$\frac{8^{(x+2)}}{3Ln(2)} + C$: Resultado.

La base (8) corresponde al valor de (a) de la fórmula, y ($x+2$) siendo el exponente de la base (8), es el valor de (v) de la fórmula.

Sencillamente el resultado será una fracción, donde en numerador es la misma función a integrar, es decir, $8^{(x+2)}$, y el denominador es $3Ln(2)$. Hay que tomar en cuenta que se aplicó la ley de los logaritmos en el denominador, es decir:

$$Ln(8) = Ln(2^3) = 3Ln(2)$$

Recuerda que el resultado puede ser $Ln(8)$, siendo el argumento del logaritmo la base de la función a integrar, pero como la base (8) es igual a (2^3), se puede aplicar la ley de los logaritmos.

7) Integral de la función exponencial e^v:

$$\int e^v dv = e^v + C$$

El resultado de esta función al integrarla siempre será e^v más la constante C.

8) Integral de la función trigonométrica $Sen(v)$:

$$\int Sen(v)dv = -Cos(v) + C$$

El resultado de la integral de esta función trigonométrica será la función $Cos(v)$ negativo, a diferencia de la derivada del $Sen(v)$ que es $Cos(v)$ positivo.

9) Integral de la función trigonométrica $Cos(v)$:

$$\int Cos(v)dv = Sen(v) + C$$

El resultado de la integral de esta función trigonométrica será la función $Sen(v)$ positivo mas la constante (C), que a diferencia de la derivada del $Cos(v)$ su resultado es $Sen(v)$ con signo negativo.

10) Integral de la función trigonométrica $Tg(v)$:

$$\int Tg(v)dv = Ln|Sec(v)| + C$$

El resultado de la integral de la Tangente es el logaritmo neperiano, donde el argumento del logaritmo es el valor

absoluto de la Secante del argumento de la Tangente que en este caso es (v). Luego sumar el logaritmo más la constante (C).
O también puede ser de la siguiente manera:

$$\int Tg(v)dv = -Ln|Cos(v)| + C$$

Sería como invertir el valor, por eso se multiplica el logaritmo por un signo menos. Recuerda que la inversa del coseno es la secante.

11)   Integral de la función trigonométrica de la $Ctg(v)$:

$$\int Ctg(v)dv = Ln|Sen(v)| + C$$

Dará como resultado, el logaritmo del valor absoluto del Seno donde el argumento del Seno es el mismo argumento de la Cotangente. Luego sumar el resultado por la constante (C).

12)   Integral de la función trigonométrica $\frac{1}{Sen(v)}$:

$$\int \frac{dv}{Sen(v)} = Ln\left|Tg\left(\frac{v}{2}\right) + C\right|$$

ó

$$\int \frac{dv}{Sen(v)} = Ln|Csc(v) - Ctg(v)| + C$$

Como puedes notar, el resultado de esta integral pude ser expresada de dos formas.

En la primera, la integral de la función $1/sen(v)$, da como resultado el $Ln\left|Tg\left(\frac{v}{2}\right)\right|$, no olvides dividir por (2) el argumento de la tangente. Luego le sumas la constante C.

En la segunda, la integral de la función $1/sen(v)$, da como resultado el logaritmo de $|Csc(v) - Ctg(v)|$ y le sumas la constante (C).

13)   Integral de la función trigonométrica $\frac{1}{Cos(v)}$:

$$\int \frac{dv}{Cos(v)} = Ln\left|Tg\left(\frac{v}{2} + \frac{\pi}{4}\right)\right| + C$$

ó

$$\int \frac{dv}{Cos(v)} = Ln\left|Tg\left(\frac{v}{2} + \frac{\pi}{4}\right)\right| + C$$

En la primera, la integral de la función $\frac{1}{Cos(v)}$, da como resultado el $Ln\left|Tg\left(\frac{v}{2} + \frac{\pi}{4}\right)\right|$. Luego le sumas la constante (C).

14)   Integral de la función trigonométrica $Sec(v)$:

$$\int Sec(v)dv = Ln|Sec(v) + Tg(v)| + C$$

El resultado será el logaritmo neperiano del valor absoluto de la suma de dos identidades trigonométricas, es decir, la Secante y la Tangente, las cuales llevaran el mismo argumento de la Secante a integrar, (v) en este caso. Luego sumar el resultado por la constante (C).

15)   Integral de la función trigonométrica $Csc(v)$:

$$\int Csc(v)dv = Ln|Csc(v) - Ctg(v)| + C$$

La integral de la Cosecante arrojará como resultado el logaritmo neperiano del valor absoluto de la cosecante menos la cotangente, las cuales tendrán como argumento el mismo de la cosecante a integrar. Luego le sumas la constante (C) al resultado.

16)   Integral de la inversa $\frac{1}{Cos^2(v)}$:

$$\int \frac{dx}{Cos^2(v)} = Tg(v) + C$$

La integral dará como resultado la tangente, donde el argumento será el mismo del $Cos^2(v)$. Le sumas la constante (C) al resultado de esta integral.

17)   Integral de la inversa $\frac{1}{Sen^2(v)}$:

$$\int \frac{dx}{Sen^2(v)} = -Ctg(v) + C$$

La integral dará como resultado la cotangente con signo negativo, donde el argumento será el mismo del $Sen^2(v)$. Le sumas la constante (C) al resultado de esta integral.

18) Integral de la función trigonométrica $Csc^2(v)$:

$$\int Sec^2(v)dv = Tg(v) + C$$

La integral de la secante al cuadrado da como resultado la tangente, donde su argumento es el mismo que la secante al cuadrado a integrar. Luego sumas la tangente más la constante (C).

19) Integral de la función trigonométrica $Sec(v)$:

$$\int Csc^2(v)dv = -Ctg(v) + C$$

La integral de la cosecante al cuadrado, da como resultado la cotangente multiplicada por el signo menos y donde su argumento será el mismo que la cosecante al cuadrado a integrar. Finalmente la semas la constante (C).

20) Integral de la función trigonométrica de la $Sec(v)Tg(v)$:

$$\int Sec(v)Tg(v)dv = Sec(v) + C$$

La integral del producto de la secante por la tangente dará como resultado la secante. Luego sumas la constante (C).

21) Integral de la función trigonométrica de la $Csc(v)Ctg(v)$:

$$\int Csc(v)Ctg(v)dv = -Csc(v) + C$$

La integral del producto de la cosecante por la cotangente, dará como resultado la cosecante multiplicado por un signo menos. Finalmente sumas la constante (C).

22) Integral de la forma $\frac{1}{\sqrt{a^2-v^2}}$:

$$\int \frac{dv}{\sqrt{a^2 - v^2}} = ArcSen\left(\frac{v}{a}\right) + C\,, (a > 0)$$

ó

$$\int \frac{dv}{\sqrt{a^2 - v^2}} = -ArcCos\left(\frac{v}{a}\right) + C\,, (a > 0)$$

La integral de la forma $\frac{1}{\sqrt{a^2-v^2}}$, arroja dos resultados posibles.

En la primera, da como resultado el $ArcSen\left(\frac{v}{a}\right)$, donde ($a$) es un numero, y ($v$) es una función. Recuerda que al argumento del arcoseno debes sacarle la raíz a la constante (a^2) y a la función (v^2). Luego sumas por la constante (C).

En la segunda, da como resultado $-ArcCos\left(\frac{v}{a}\right)$, aplicando el mismo procedimiento anterior para hallar el argumento del arcocoseno negativo. Sumarle la constante (C) al resultado.

23) Integral de la forma $\frac{1}{\sqrt{1-v^2}}$:

$$\int \frac{dv}{\sqrt{1 - v^2}} = ArcSen(v) + C$$

La integral de la forma $\frac{1}{\sqrt{1-v^2}}$, da como resultado el arcoseno, donde el argumento de esta función es la raíz de (v^2). Sumar la constante (C) al resultado.

24) Integral de la forma $\frac{1}{v^2+a^2}$:

$$\int \frac{dv}{v^2 + a^2} = \frac{1}{a} ArcTg\left(\frac{v}{a}\right) + C$$

Esta integral es parecida a la anterior, solo que en este caso (a) es un número positivo mayor que (1), y que por lo general esté elevado al cuadrado.

Entonces, da como resultado la fracción $1/a$, donde se le sacó la raíz a la constante (a). Esta fracción multiplica al arco seno, donde su argumento es (v/a), igualmente debes sacarle la raíz tanto a (v) como a la constante (a^2). Sumar la constante (C) al resultado.

25) Integral de la forma $\frac{1}{1+v^2}$:

$$\int \frac{dv}{1 + v^2} = ArcTg(v) + C$$

La integral de la forma $\frac{1}{1+v^2}$ da como resultado el arcotangente, donde su argumento es la raíz de la función (v). Luego sumas por la constante (C).

26) Integral de la forma $\frac{1}{v^2-a^2}$:

$$\int \frac{dv}{v^2 - a^2} = \frac{1}{2a} Ln \left| \frac{v-a}{v+a} \right| + C$$

Por lo tanto, da como resultado la fracción $\frac{1}{2a}$, donde debes sacarle la raíz a (a^2), para que finalmente quede $\frac{1}{2a}$. Luego esta fracción la multiplicas por $Ln \left| \frac{v-a}{v+a} \right|$, donde también debes sacarle la raíz a (v^2) y a la constante (a^2), recordando colocar los respectivos signos, tal como lo indica la fórmula. Sumas la constante (C) al resultado.

27) Integral de la forma $\frac{1}{a^2-v^2}$:

$$\int \frac{dv}{a^2 - v^2} = \frac{1}{2a} Ln \left| \frac{a+v}{a-v} \right| + C$$

Este caso es muy parecido al anterior, pero aquí la constante (a^2) está positiva mientras que la función (v^2) está negativa. Aquí debes aplicar el mismo procedimiento anterior, pero en el argumento del logaritmo lo colocas como lo indica la fórmula. Luego sumas la constante (C) al resultado.

28) Integral de la forma $\frac{1}{v\sqrt{v^2-a^2}}$:

$$\int \frac{dv}{v\sqrt{v^2 - a^2}} = \frac{1}{a} ArcSec \left(\frac{v}{a} \right) + C$$

La integral de la forma $\frac{1}{v\sqrt{v^2-a^2}}$, da como resultado la fracción $\frac{1}{a}$, que le multiplica al arcosecante de $\left(\frac{v}{a} \right)$. Recuerda sacarle la raíz tanto a (v^2) como a la constante (a^2). Sumas la constante (C) al resultado.

29)   Integral de la forma $\frac{1}{\sqrt{v^2 \pm a^2}}$:

$$\int \frac{dv}{\sqrt{v^2 \pm a^2}} = Ln\left(v + \sqrt{v^2 \pm a^2}\right) + C$$

Esta integral da como resultado el logaritmo neperiano, donde su argumento es la raíz de la función (v^2) que la suma a la raíz $\sqrt{v^2 \pm a^2}$ (dentro de la raíz coloca el signo que le corresponda, dependiendo como te lo indique el ejercicio a integrar). Sumas la constante (C) al resultado.

30)   Integral del $Senh(v)$:

$$\int Senh(v)dv = Cosh(v) + C$$

Esta es la integral del seno hiperbólico, que dará como resultado el coseno hiperbólico positivo, donde su argumento es el mismo del seno hiperbólico a integrar. Luego sumas el resultado por la constante (C).

31)   Integral del $Cosh(v)$:

$$\int Cosh(v)dv = Senh(v) + C$$

Esta es la integral del coseno hiperbólico, que dará como resultado el seno hiperbólico positivo, donde su argumento es el mismo del coseno hiperbólico a integrar. Luego sumas el resultado por la constante (C).

32)   Integral de la $Tgh(v)$:

$$\int Tgh(v)dv = Ln|Cosh(v)| + C$$

Esta es la integral de la tangente hiperbólica, que dará como resultado el logaritmo neperiano, donde su argumento es el coseno hiperbólico. Luego sumas el resultado por la constante (C).

33)   Integral de la $Ctgh(v)$:

$$\int Ctgh(v)dv = Ln|Senh(v)| + C$$

Esta es la integral de la cotangente hiperbólica, que dará como resultado el logaritmo neperiano, donde su argumento es el seno hiperbólico. Luego sumas el resultado por la constante (C).

34)   Integral de la $Sech^2(v)$:

$$\int Sech^2(v)dv = Tgh(v) + C$$

Esta es la integral de la secante hiperbólica al cuadrado, que dará como resultado la tangente hiperbólica, donde su argumento es el mismo de la secante hiperbólica al cuadrado. Luego sumas el resultado por la constante (C).

35) Integral de la $Csch^2(v)$:

$$\int Csch^2(v)dv = -Ctgh(v) + C$$

Esta es la integral de la cosecante hiperbólica al cuadrado, que dará como resultado la cotangente hiperbólica multiplicada por un signo menos, y donde su argumento es el mismo de la cosecante hiperbólica al cuadrado. Luego sumas el resultado por la constante (C).

36) Integral de $Sech(v)Tgh(v)$:

$$\int Sech(v)Tgh(v)dv = -Sech(v) + C$$

La integral de la secante hiperbólica multiplicada por la tangente hiperbólica, da como resultado la secante hiperbólica negativa. Sumas por la constante (C).

37) Integral de $Csch(v)Ctgh(v)$:

$$\int Csch(v)Ctgh(v)dv = -Csch(v) + C$$

La integral de la cosecante hiperbólica que multiplica a la cotangente hiperbólica, da como resultado la cosecante hiperbólica negativa. Le sumas la constante (C).

38) Integral de la forma $\frac{1}{\sqrt{v^2+a^2}}$:

$$\int \frac{1}{\sqrt{v^2+a^2}}dv = Sen(\frac{v}{a}) + C$$

La integral de esta forma, da como resultado el seno, y su argumento es $\left(\frac{v}{a}\right)$. Recuerda sacarle la raíz a (a^2). y a (v^2). Luego sumas el resultado por la constante (C).

39) Integral de la forma $\frac{1}{\sqrt{v^2-a^2}}$: $donde;\ v > a > 0$

$$\int \frac{1}{\sqrt{v^2-a^2}}\, dv = Csch^{-1}(\frac{v}{a}) + C$$

La integral de la forma $\frac{1}{\sqrt{v^2-a^2}}$, da como resultado el arcocosecante hiperbólico, donde su argumento es (v/a). Recuerda sacarle la raíz a (v^2) y a la constante (a^2). Le sumas la constante (C) al resultado.

40) Integral de la forma $\frac{dv}{a^2-v^2}$: $v^2 < a^2$

$$\int \frac{dv}{a^2 - v^2} = \frac{1}{a} Tgh^{-1}\left(\frac{v}{a}\right) + C$$

La integral de la forma $\frac{1}{a^2-v^2}$, da como resultado la fracción $\frac{1}{a}$ que le multiplica al arcotangente hiperbólico de $\left(\frac{v}{a}\right)$. Recuerda sacarle la raíz tanto a (v^2) como a la constante (a^2).

41) Integral de la forma $\frac{dv}{v^2-a^2}$: $v^2 > a^2$

$$\int \frac{dv}{v^2 - a^2} = -\frac{1}{a} Ctgh^{-1}\left(\frac{v}{a}\right) + C$$

Cuando es de la forma $\frac{1}{v^2-a^2}$, siendo (v^2) una función y (a^2) una constante, dará como resultado, $1/a$ que le multiplica al arcocotangente hiperbólico donde su argumento es $\left(\frac{v}{a}\right)$, es decir, la raíz de la función sobre la raíz de la constante. Sumar la constante (C) al resultado.

42)   Integral de la forma $\sqrt{a^2 - v^2}$:

$$\int \sqrt{a^2 - v^2}\, dv = \frac{v}{2}\sqrt{a^2 - v^2} + \frac{a^2}{2} ArcSen\left(\frac{v}{a}\right) + C$$

La integral de la función $\sqrt{a^2 - v^2}$, será igual a la raíz de la función (v) sobre (2), es decir $\left(\frac{v}{2}\right)$, que le multiplica a la misma función a integrar $\sqrt{a^2 - v^2}$. Luego sumas por la constante $(a^2)/2$ y multiplicas esta fracción por el arcoseno de (v/a). Sumar por la constante (C).

43)   Integral de la forma $\sqrt{v^2 \pm a^2}$:

$$\int \sqrt{v^2 \pm a^2}\, dv = \frac{v}{2}\sqrt{v^2 \pm a^2} \pm \frac{a^2}{2} Ln\left(v + \sqrt{v^2 \pm a^2}\right) + C$$

Cuando la función es de la forma $\sqrt{v^2 \pm a^2}$, colocas la raíz de la función (v) sobre (2), es decir $\left(\frac{v}{2}\right)$, que le multiplica a la misma función a integrar $\sqrt{v^2 \pm a^2}$, luego colocas el signo que corresponda, dependiendo de cómo te lo indique la función a integrar, es decir si es menos $(-)$ o más $(+)$, será el que colocarás a continuación, para después escribir la constante al cuadrado sobre (2), es decir $\frac{a^2}{2}$, que le multiplica al logaritmo neperiano, donde el argumento del logaritmo es la suma la raíz de la función (v^2) más la función a integrar $\sqrt{v^2 \pm a^2}$, es decir $\left(v + \sqrt{v^2 \pm a^2}\right)$. Recuerda sumar por la constante (C).

44) Integral de la función trigonométrica $ArcSen(v)$:

$$\int ArcSen(v)dv = vArcSen(v) + \sqrt{1 - v^2} + C$$

La integral del arcoseno de (v) es igual al argumento del arcoseno que le multiplica al arcoseno donde su argumento será el mismo, luego sumas por la raíz $\sqrt{1 - v^2}$, es decir dentro de la raíz colocarás (1) menos el argumento del arcoseno elevado al cuadrado. Sumar por la constante (C).

45) Integral de la función trigonométrica $ArcCos(v)$:

$$\int ArcCos(v)dv = vArcCos(v) - \sqrt{1 - v^2} + C$$

Esta integral da como resultado el argumento del arcocoseno que le multiplica al arco coseno donde su argumento será el mismo, es decir (v), luego restas por la raíz $\sqrt{1 - v^2}$, es decir dentro de la raíz colocarás (1) menos el argumento del arcocoseno elevado al cuadrado. Sumar por la constante (C).

46) Integral de la función trigonométrica $ArcTg(v)$:

$$\int ArcTg(v)dv = vArcTg(v) - Ln\sqrt{1 + v^2} + C$$

Esta integral da como resultado el argumento del arcotangente que le multiplica al arcotangente donde su

221

argumento será el mismo, es decir (v), luego restas por el logaritmo neperiano donde su argumento es la raíz $\sqrt{1+v^2}$, es decir dentro de la raíz colocarás (1) más el argumento del arcotangente elevado al cuadrado. Sumar por la constante (C).

47)   Integral de la función trigonométrica $ArcCtg(v)$:

$$\int ArcCtg(v)dv = vArcCtg(v) + Ln\sqrt{1+v^2} + C$$

Esta integral da como resultado el argumento del arco cotangente que le multiplica al arco tangente, donde su argumento será el mismo, es decir (v), luego sumas por el logaritmo neperiano y su argumento es la raíz $\sqrt{1+v^2}$, es decir dentro de la raíz colocarás (1)más el argumento del arcotangente elevado al cuadrado. Sumas por la constante (C).

48)   Integral de la función trigonométrica $ArcSec(v)$:

$$\int ArcSec(v)dv = vArcSec(v) - Cosh^{-1}(v) + C$$

Esta integral da como resultado el argumento del arco secante que le multiplica al arco secante, donde su argumento será el mismo, es decir (v), luego restas por arco coseno hiperbólico donde colocas como argumento (v). Sumas por la constante (C).

49)   Integral de la función trigonométrica $ArcCsc(v)$:

$$\int ArcCsc(v)dv = vArcCsc(v) + Cosh^{-1}(v) + C$$

Esta integral da como resultado el argumento del arcocosecante a integrar que le multiplica al arcocosecante, donde su argumento será el mismo, es decir (v), luego sumas por arcocoseno hiperbólico donde colocas como argumento (v). Sumas por la constante (C).

50) Integral de la función trigonométrica $Sen^2(v)$:

$$\int Sen^2(v)dv = \frac{1}{2}v - \frac{1}{4}Sen(2v) + C$$

La integral de la función $Sen^2(v)$, te da como resultado la fracción $\frac{1}{2}$, que le multiplica al argumento de la función a integrar, quedando $\frac{1}{2}v$. Luego restas por la fracción $\frac{1}{4}$, donde este cociente le multiplica al seno de argumento doble, es decir, su argumento lo multiplicas por (2). recuerda sumarle la constante (C).

51) Integral de la función trigonométrica $Cos^2(v)$:

$$\int Cos^2(v)dv = \frac{1}{2}v + \frac{1}{4}Sen(2v) + C$$

La integral de la función $Cos^2(v)$, te da como resultado la fracción $\frac{1}{2}$, que le multiplica al argumento de la función a integrar, quedando $\frac{1}{2}v$. Luego sumas por la fracción $\frac{1}{4}$, donde este cociente le multiplica al seno de argumento doble, es decir, su argumento lo multiplicas por (2). recuerda sumarle la constante (C).

52) Integral de la función trigonométrica $Cos^n(v)Sen(v)$:

$$\int Cos^n(v)Sen(v)dv = -\frac{Cos^{n-1}(v)}{n+1} + C$$

Es este caso la función coseno esta elevado a un número (n) y está siendo multiplicado por la función seno, donde debes percatarte que la función seno este elevado a la (1). Entonces colocas una fracción negativa donde su numerador es el coseno con su mismo argumento y donde le restas (1) a su exponente, con respecto al denominador será su exponente (n) más (1). Sumarle la constante (C).

53) Integral de la función trigonométrica $Sen(mv)Sen(nv)$:

$$\int Sen(mv)Sen(nv)dv = -\frac{Sen(m+n)v}{2(m+n)} + \frac{Sen(m-n)v}{2(m-n)} + C$$

Cuando se presenta el caso del producto de dos funciones iguales como el seno en este caso, pero que se diferencian por su argumento, harás lo siguiente: colocas una fracción negativa donde su numerador es el seno y su argumento será $(m+n)v$ es decir, es la suma de las constantes de los senos y lo multiplicas por la función (v), ahora el denominador es dos veces la suma de esas constantes, es decir $2(m+n)$. Con respecto a la suma de la otra fracción su numerador es el seno de $(m-n)v$ sobre $2(m+n)$. Sumas por la constante (C).

54) Integral de la función trigonométrica $Sen(mv)Cos(nv)$:

$$\int Sen(mv)Cos(nv)dv = -\frac{Cos(m+n)v}{2(m+n)} - \frac{Cos(m-n)v}{2(m-n)} + C$$

En este caso está la multiplicación del seno por coseno y sus argumentos son diferentes. Entonces colocas una fracción negativa donde su numerador es el coseno y su argumento es la suma de las constantes de los argumentos de las funciones seno y coseno, multiplicando la suma de estas constantes por la función (v), es decir $(m + n)v$, su denominador es dos veces la suma de esas constantes, es decir $2(m + n)$. Con respecto a la resta de la otra fracción su numerador es el coseno de $(m - n)v$ sobre $2(m + n)$. Sumas por la constante (C).

55) Integral de la función trigonométrica $Sen^n(v)Cos(v) =$

$$\int Sen^n(v)Cos(v)dv = \frac{Sen^{n+1}(v)}{n + 1} + C$$

Es este caso la función seno esta elevado a un número (n) y está siendo multiplicado por la función coseno, donde debes percatarte que la función coseno este elevado a la (1). Entonces colocas una fracción positiva donde su numerador es el seno con su mismo argumento y donde le restas (1) a su exponente (n). Con respecto al denominador será su exponente (n) mas (1). Sumarle la constante (C).

56) Integral de la función trigonométrica $vSen(v)$:

$$\int vSen(v)dv = Sen(v) - vCos(v) + C$$

En este caso la función seno está siendo multiplicada por una función (v), dando como resultado a esta integral la función seno de (v) menos la función (v) que le multiplica a la función coseno. Luego sumas la constate (C).

57) Integral de la función trigonométrica $vCos(v)$:

$$\int vCos(v)dv = Cos(v) + vSen(v) + C$$

En este caso la función coseno está siendo multiplicada por una función (v), dando como resultado a esta integral la función coseno de (v) más la función (v) que le multiplica a la función seno. Luego sumas la constate (C).

58) Integral de la función exponencial e^{av}:

$$\int e^{av}dv = \frac{e^{av}}{a} + C$$

Para la integral de la función exponencial del tipo e^{av}, donde el exponente de esta función es (av), donde la (a) es una constante y (v) es una función, esto te dará como resultado una fracción donde su numerador es la función a integrar, es decir e^{av} y su denominador es la constante (a), que será la constante que está en el exponente de la función a integrar. Recuerda sumar por la constante (C).

59) Integral de la función exponencial b^{av}:

$$\int b^{av}dv = \frac{b^{av}}{aLn|b|} + C$$

Para la integral de la función exponencial del tipo b^{av}, donde el exponente de esta función es (av), donde la (a) es una constante y (v) es una función, esto te dará como resultado una fracción donde su numerador es la función a integrar, es decir b^{av} y su denominador es la constante (a), que le multiplica al logaritmo neperiano de (b). Recuerda sumar por la constante (C).

60) Integral de la función exponencial ve^{av}:

$$\int ve^{av}dv = \frac{e^{av}}{a^2}(av-1) + C$$

La función e^{av} está siendo multiplicada por una función (v). Entonces el resultado será una fracción donde su numerador es la función e^{av} y el denominador es la constante (a^2), es decir la constante (a) es el número que conforma el exponente de la función (e) colocándolo al cuadrado. Luego esta fracción multiplica a $(av-1)$, es decir, el exponente de la función (e) menos (1). Recuerda sumar la constante (C).

61) Integral de Ln:

$$\int Ln(v)dv = vLn|v| - v + C$$

El resultado de la integral del logaritmo neperiano de (v) te dará como resultado la función (v), donde (v) es el argumento del logaritmo neperiano, entonces esta función (v) le multiplica al mismo logaritmo neperiano a integrar, luego le restas la función (v), es decir, el mismo argumento del logaritmo. Súmale la constante (C).

62) Integral de vLn:

$$\int v^n Ln(v)dv = v^{n+1}\left|\frac{Ln|v|}{n+1} - \frac{1}{(n+1)^2}\right| + C$$

En este caso el logaritmo neperiano de (v) esta siendo multiplicado por una función elevada a un número (n), es decir,

(v^n), dando como resultado a esta integral la función (v^n) y le sumas una unidad al exponente de esa función, quedando (v^{n+1}), luego esta función la multiplicas por el valor absoluto de dos fracciones, la primera fracción tiene como numerador el logaritmo neperiano de (v) y su denominador es la suma $(n+1)$, donde (n) es el exponente de la función que le multiplica al logaritmo a integrar inicialmente. Ahora la segunda fracción de ese valor absoluto es negativa y su numerador es (1) y su denominador es $(n+1)^2$. Luego sumas por la constante (C).

63)   Integral de la función $\dfrac{1}{vLn|v|} =$

$$\int \frac{dv}{vLn|v|} = Ln\big|Ln|v|\big| + C$$

La integrar de la forma $\dfrac{1}{vLn|v|}$, da como resultado el logaritmo neperiano del valor absoluto del logaritmo neperiano de la función (v). Sumas por la constante (C).

Conversión de integrals complejas a integrals inmediatas

Va resultar frecuente que muchas integrales a simple vista no las podrás resolver por medio de la tabla de integrales inmediatas, ya que esta tabla sólo incluye funciones comunes. Por lo tanto deberás aplicar ciertos trucos matemáticos u operaciones aritméticas en dicho integrando, como por ejemplo aplicar racionalización, fórmulas trigonométricas, reducir potencias, etc. Todo esto con la finalidad de llevar el integrando a una función elemental o lo que también llamamos una integral inmediata o por tabla.

Trucos y operaciones para transformar una integral compleja en una integral inmediata

Dependiendo de cuál sea el caso, se te presentará la oportunidad de resolver integrales donde debas aplicar por lo menos una de estas operaciones, por ende, es necesario que tengas conocimiento de lo siguiente:

- Reducción de potencias.
- Aplicar fórmulas trigonométricas.
- Racionalización.
- Factorización.
- Productos notables.
- Hallar el logaritmo.
- Cambios de variables: Nos ayuda a transformar una integral, de manera que podamos resolverla con mayor facilidad, logrando transformarla para muchos casos a integrales elementales o las llamadas integrales por tabla.

El procedimiento para el cambio de variable es muy sencillo. Un ejemplo fácil sería:

Ejemplo:

$$\int Cos(5x)dx$$

Como esta integral no está reflejada en exactitud en la tabla de integrales inmediatas, y me refiero al ángulo del coseno, lo que harás es aplicar el cambio de variable para transformarla en una integral inmediata.

Entonces sería así:

$$u = 5x$$
$$du = 5dx$$
$$\frac{du}{5} = dx$$

Cambias el valor del ángulo por una letra que en este caso llamaremos (u), es decir:

$$u = 5x$$

Luego derivas los términos de ambos lados quedando de la siguiente manera:

$$du = 5dx$$

Como en la integral $\int Cos(5x)dx$, no tiene como coeficiente un (5), realizas el despeje:

$$\frac{du}{5} = dx$$

Ahora lo que queda es sustituir:

$$\int Cos(u)\frac{du}{5}$$

Como $\left(\frac{1}{5}\right)$ es una constante se desplaza a la izquierda y fuera del signo de integración:

$$\frac{1}{5}\int Cos(u)du$$

Dando como resultado:

$$\frac{1}{5}\int Cos(u)du = \frac{1}{5}Sen(u) + C$$

Entonces, si ya tienes el resultado procedes a devolver el cambio, es decir, donde esta (u) colocas $(5x)$. Finalmente el resultado es:

$$\frac{1}{5}\int Cos(5x)du = \frac{1}{5}Sen(5x) + C$$

- Completación de cuadrado: es muy usado en métodos de integración que contienen un trinomio cuadrado.

Hay una fórmula específica para logar esto.

Si tenemos un trinomio $ax^2 + bx + c$, lo primero que debes hacer es identificar sus coeficientes, a, b, y c, y sustituirlos en la fórmula:

$$a\left[\left(x + \frac{b}{2a}\right)^2 + \left(\frac{c}{a} - \frac{b^2}{4a^2}\right)\right]$$

Ejemplo:

Sea el trinomio $3x^2 + x + 2$
Primero identifica los coeficientes:

$$a = 3$$
$$b = 1$$
$$c = 2$$

Sustituyes:

$$a\left[\left(x + \frac{b}{2a}\right)^2 + \left(\frac{c}{a} - \frac{b^2}{4a^2}\right)\right]$$

$$3\left[\left(x + \frac{1}{2(3)}\right)^2 + \left(\frac{2}{3} - \frac{(1)^2}{4(3)^2}\right)\right]$$

$$3\left[\left(x + \frac{1}{6}\right)^2 + \left(\frac{2}{3} - \frac{1}{4(9)}\right)\right]$$

$$3\left[\left(x + \frac{1}{6}\right)^2 + \left(\frac{2}{3} - \frac{1}{36}\right)\right]$$

$$3\left[\left(x + \frac{1}{6}\right)^2 + \left(\frac{23}{36}\right)\right]$$

Puedes comprobar el resultado desarrollando la nueva estructura del trinomio, es decir, $3\left[\left(x + \frac{1}{6}\right)^2 + \left(\frac{23}{36}\right)\right]$, dándote el valor inicial obviamente:

$$3\left[\left(x^2 + 2(x)\frac{1}{6} + \left(\frac{1}{6}\right)^2\right) + \frac{23}{36}\right]$$

$$3\left[\left(x^2 + \frac{2x}{6} + \frac{1}{36}\right) + \frac{23}{36}\right]$$

$$3\left[\left(x^2 + \frac{x}{3} + \frac{1}{36}\right) + \frac{23}{36}\right]$$

$$3\left[x^2 + \frac{x}{3} + \frac{1}{36} + \frac{23}{36}\right]$$

$$3\left[x^2 + \frac{x}{3} + \frac{2}{3}\right]$$

$$3x^2 + 3\left(\frac{x}{3}\right) + 3\left(\frac{2}{3}\right)$$

$$3x^2 + x + 2$$

Por ende:

$$3x^2 + x + 2 = 3\left[\left(x + \frac{1}{6}\right)^2 + \left(\frac{23}{36}\right)\right]$$

- Sustituciones.
- Ley de los exponentes.
- Buen manejo de las derivadas (muy importante).
- LIATE: es muy fiable a la hora de resolver integrales por partes, ya que te ayudará a identificar de manera rápida (u) y (dv). Te mostraré un ejemplo de integración por partes aplicando LIATE, para que lo apliques en los ejercicios que están más adelante.

1	2	3	4	5
L	I	A	T	E
O	N	L	R	X
G	V	G	I	P
A	E	E	G	O
R	R	B	O	N
I	S	R	N	E
T	A	A	O	N
M	S	I	M	C
I		C	E	I
C		A	T	A
A		S	R	L
			I	E
			C	S
			A	
			S	

Ejemplo:

$$\int xSen(x)dx$$

x: Función algebraica (3).
$Sen(x)$: Función trigonométrica (4).

Como la función algebraica está primero que las trigonométricas la llamaremos (u) y a las trigonométricas por estar ubicadas después de las algebraicas la llamaremos (dv). ya identificadas las funciones derivables (u) y (dv) podemos proceder a integrar. (Mas adelante está explicado el método de integración por partes).

Nota:

Es importante que aprendas bien este método porque es uno de los más fundamentales. Cuando estés realizando integrales, mediante operaciones intermedias tendrás que recurrir a este método, y para tener éxito en la integral es esencial la habilidad que tengas en elegir la sustitución adecuada en las variables. Esto simplifica la integral de acuerdo a la sustitución más conveniente.

A continuación les presento una diversidad de integrales previamente resueltas, dependiendo del método de integración que les corresponde:

Métodos de integración

Cuando hay integrales que no puedes resolver por medio de la tabla de integrales inmediatas, existen varios métodos de integración que tendrás que aplicar para darle solución, dependiendo del tipo de función que se te presente. Los métodos de integración son los siguientes:

1)   Método de integración por sustitución

1.1) Método de integración por sustitución ó cambio de variable

Hay casos en los que tienes que realizar una sustitución ó cambio de variable, yo diría que varios casos, porque hay integrales que no sabrás realizar de manera inmediata por el simple hecho de que no se encuentran reflejadas de tal manera en la tabla de integrales inmediatas, de modo que recurrirás a este método.

Entonces realizas el cambio de variable o lo que llaman también una sustitución, realizas la integral para luego de obtener la respuesta devuelves dicho cambio inicial.

Vamos a verlo por medio de varios ejercicios para que comprendas mejor. Sea la integral:

a) $\int Sen(3x)dx = -\frac{Cos(3x)}{3} + C$

En la tabla de integrales, no hay ninguna integral que contenga el $Sen(3x)$, sino mas bien el $Sen(x)$, por lo tanto haremos el cambio de variable al argumento de esta identidad para llevarla a una integral por tabla y poder resolverla.

Cambio de variable:

$$u = 3x$$
$$du = 3dx$$
$$\frac{du}{3} = dx$$

Ahora debes sustituir valores, quedando la integral de la siguiente manera:

$$\int \frac{Sen(u)du}{3}$$

Como $\left(\frac{1}{3}\right)$ es una constante, según las reglas de integración, desplazas la constante hacia la izquierda y fuera del signo de integración, es decir:

$$\frac{1}{3}\int Sen(u)du$$

Dando como resultado:

$$\frac{1}{3}\int Sen(u)du = -\frac{Cos(u)}{3} + C$$

Una vez resuelta la integral, devuelves el cambio, es decir, donde está (u) colocas el valor de $(3x)$. Finalmente el resultado sería:

$$\int Sen(3x)dx = -\frac{Cos(3x)}{3} + C$$

b) $\int \frac{3Sen(2x)}{2}dx = \frac{3}{2}\int Sen(2x)dx$

Aplicas cambio de variable para el argumento del seno. Recuerda que el coeficiente $\frac{3}{2}$ siempre le multiplicará al resultado final de la integral.

Cambio de variable:

$$u = 2x$$
$$du = 2dx$$
$$\frac{du}{2} = dx$$

$$\frac{3}{2}\int Sen(u)\frac{du}{2} = \frac{3}{2(2)}\int Sen(u)du$$
$$\frac{3}{4}\int Sen(u)du$$

Procedes a resolver la integral:

$$\frac{3}{4}\int Sen(u)du = -\frac{3Cos(u)}{4} + C$$

Sustituyes, quedando finalmente el resultado:

$$\frac{3}{2}\int Sen(2x)du = -\frac{3Cos(2x)}{4} + C$$

c) $\int -Sen(5x)dx$

Cambio de variable:

$$u = 5x$$
$$du = 5dx$$
$$\frac{du}{5} = dx$$
$$-\int Sen(u)\frac{du}{5}$$
$$-\frac{1}{5}\int Sen(u)du = -\frac{1}{5}(-Cos(u)) + C$$

Finalmente sustituyes:

$$\int Sen(5x)du = \frac{Cos(5x)}{5} + C$$

d) $\int Cos(30x)dx$

Cambio de variable:

$$u = 30x$$
$$du = 30dx$$
$$\frac{du}{30} = dx$$
$$\int Cos(u)\frac{du}{30}$$
$$\int Cos(u)du = \frac{1}{30}(Sen(u)) + C$$

Finalmente sustituyes:

$$\frac{1}{30}\int Cos(30x)du = \frac{Sen(30x)}{30} + C$$

e) $\int \frac{Cos(10x)}{10} =$

Cambio de variable:

$$u = 10x$$
$$du = 10dx$$
$$\frac{du}{10} = dx$$
$$\frac{1}{10}\int Cos(u)\frac{du}{10}$$
$$\frac{1}{10(10)}\int Cos(u)du = (Sen(u)) + C$$
$$\frac{1}{100}\int Cos(u)du = \frac{Sen(u)}{100} + C$$

Finalmente sustituyes:

$$\frac{1}{10}\int Cos(10x)du = \frac{Sen(10x)}{100} + C$$

f) $\int -Cos(x)4dx = -4\int Cos(x)dx$

Esta integral se resuelve de manera directa:

$$-4\int Cos(x)dx = -4Sen(x) + C$$

g) $\int Tg(50x)dx$

Cambio de variable:

$$u = 50x$$
$$du = 50dx$$
$$\frac{du}{50} = dx$$
$$\int Tg(u)\frac{du}{50}$$
$$\frac{1}{50}\int Tg(u)du = \frac{1}{50}Ln|Sec(u)| + C$$

Sustituyes:

$$\int Tg(50x)dx = \frac{1}{50}Ln|Sec(50x)| + C$$

ó

$$\int Tg(50x)dx = -\frac{1}{50}Ln|Cos(50x)| + C$$

h) $\int \frac{1}{4}Tg(2x)dx = \frac{1}{4}\int Tg(2x)dx$

Cambio de variable:

$$u = 2x$$
$$du = 2dx$$
$$\frac{du}{2} = dx$$

$$\frac{1}{4}\int Tg(u)\frac{du}{2}$$

$$\frac{1}{4(2)}\int Tg(u)du = Ln|Sec(u)| + C$$

$$\frac{1}{8}\int Tg(u)du = Ln|Sec(u)| + C$$

Sustituyes:

$$\frac{1}{4}\int Tg(2x)dx = \frac{1}{8}Ln|Sec(2x)| + C$$

ó

$$\frac{1}{4}\int Tg(2x)dx = -\frac{1}{8}Ln|Cos(2x)| + C$$

i) $\int Ctg(40x)dx$

Cambio de variable:

$$u = 40x$$
$$du = 40dx$$
$$\frac{du}{40} = dx$$
$$\int Ctg(u)\frac{du}{40}$$
$$\frac{1}{40}\int Ctg(u)du = \frac{1}{40}Ln|Sen(u)| + C$$

Sustituyes:

$$\int Ctg(40x)du = \frac{1}{40}Ln|Sen(40x)| + C$$

j) $\int \frac{Ctg(10x)}{8}dx = \frac{1}{8}\int Ctg(10x)dx$

Cambio de variable:

$$u = 10x$$
$$du = 10dx$$
$$\frac{du}{10} = dx$$

$$\frac{1}{8}\int Ctg(u)\frac{du}{10} = Ln|Sen(u)| + C$$
$$\frac{1}{80(10)}\int Ctg(u)du = Ln|Sen(u)| + C$$
$$\frac{1}{80}\int Ctg(u)du = \frac{1}{80}Ln|Sen(u)| + C$$

Sustituyes:

$$\frac{1}{8}\int Ctg(10x)du = \frac{Ln|Sen(10x)|}{80} + C$$

k) $\int Sec^2(mx)dx$

Cambio de variable:

$$u = mx$$
$$du = mdx$$
$$du = mdx$$
$$\frac{du}{m} = dx$$

$$\int Sec^2(u)\frac{du}{m}$$
$$\frac{1}{m}\int Sec^2(u)\,du = \frac{1}{m}Tg(u) + C$$

Sustituyes:

$$\int Sec^2(mx)\,du = \frac{1}{m}Tg(mx) + C$$

l) $\int \frac{1}{n}Sec^2(n^2x)dx$

Cambio de variable:

$$u = n^2x$$
$$du = n^2dx$$
$$\frac{du}{n^2} = dx$$

$$\frac{1}{n}\int Sec^2(u)\frac{du}{n^2}$$
$$\frac{1}{n(n^2)}\int Sec^2(u)\,du = \frac{1}{n^3}Tg(u) + C$$

Sustituyes:

$$\frac{1}{n}\int Sec^2(n^2x)\,du = \frac{1}{n^3}Tg(n^2x) + C$$

Veamos unas más complejas:

m) $\int \sqrt{Cos(x)}Sen(x)dx$

Como en la tabla de integrales inmediatas no aparece reflejado una integral de esta forma, lo que harás es realizar un cambio de variable de la siguiente manera:

Cambio de variable:

$$u = Cos(x)$$
$$du = -Sen(x)dx$$
$$-du = Sen(x)dx$$

$$-\int \sqrt{u}du$$
$$-\int u^{\frac{1}{2}}du$$
$$-\int u^{\frac{1}{2}}du = \frac{u^{\frac{1}{2}+1}}{\frac{1}{2}+1} + C.$$

Nota:

Con respecto al signo negativo que aparece luego de derivar la función Cos(x), y como no está reflejado en la integral, lo despejas quedando la función Sen(x) positiva tal como lo indica la integral. Luego lo desplazas del lado izquierdo fuera del signo de integración cuando estés sustituyendo. De igual modo este signo influye en el resultado final de la integral.

$$-\int u^{\frac{1}{2}}du = \frac{u^{\frac{3}{2}}}{\frac{3}{2}} + C.$$

$$\int u^{\frac{1}{2}}du = -\frac{2}{3}u^{\frac{3}{2}} + C.$$

Sustituyes:

$$\int \sqrt{Cos(x)}\,Sen(x)\,dx = -\frac{2}{3}Cos(x)^{\frac{3}{2}} + C$$

$$\int \sqrt{Cos(x)}\,Sen(x)\,dx = -\frac{2Cos(x)\sqrt{Cos(x)}}{3} + C.$$

n) $\int \frac{x}{2+x^2}\,dx$

Cambio de variable:

$$u = 2 + x^2$$
$$du = 2x\,dx$$
$$\frac{du}{2} = x\,dx$$

$$\int \frac{du}{2u} = \frac{1}{2}\int \frac{du}{u}$$
$$\frac{1}{2}\int \frac{du}{u} = \frac{1}{2}Ln|u| + C.$$

Ahora devuelves el cambio.
Sustitución:

$$\int \frac{x}{2+x^2}\,dx = \frac{1}{2}Ln|2+x^2| + C.$$

ñ) $\int \frac{x}{1+x^4}\,dx$

Cambio de variable:

$$u = x^2$$
$$du = 2x\,dx$$
$$\frac{du}{2} = x\,dx$$

$$\int \frac{du}{2(1+u^2)} = \frac{1}{2}\int \frac{du}{(1+u^2)}$$
$$\frac{1}{2}\int \frac{du}{(1+u^2)} = \frac{1}{2}ArcTg(u) + C.$$

Sustituyes:

$$\int \frac{x}{1+x^4}\,dx = \frac{1}{2}ArcTg(x^2) + C.$$

1.2) <u>Método de integración donde se aplican sustituciones</u>
<u>trigonométricas:</u>

Existen integrales que pueden resolverse aplicando sustituciones trigonométricas, donde se presentan varios casos a continuación:

1.2.1)Caso 1:

Si dentro de la integral existe un radical $\sqrt{a^2 - b^2x^2}$, entonces puedes aplicar la siguiente sustitución, donde:

$$x = \frac{a}{b}Sen(\theta)$$

Si despejamos (θ):

$$(\theta) = ArcSen\left(\frac{xb}{a}\right)$$

Se realiza además una sustitución, donde:

$$Cos^2(\theta) = 1 - Sen^2(\theta)$$

Luego de simplificaciones en la integral, se hará uso de otra identidad trigonométrica, sustituyéndola en la integral, la cual es:

$$Cos^2(\theta) = \frac{1 + Cos(2\theta)}{2}$$

Ejemplo: Sea la integral $\int \sqrt{16 - x^2} dx$

$$\int \sqrt{16 - x^2} dx = \int \sqrt{4^2 - x^2} dx$$

Identificas las variables:

$$a = \sqrt{4^2} = 4$$
$$b = 1$$
$$x = 4Sen(\theta)$$
$$dx = 4Cos(\theta) \, d\theta$$
$$(\theta) = ArcSen\left(\frac{x}{4}\right)$$

Sustituyes:

$$\int \sqrt{16 - x^2} dx = \int \sqrt{16 - \left(4Sen(\theta)\right)^2} 4Cos(\theta) \, d\theta$$
$$\int \sqrt{16 - x^2} dx = 4 \int \sqrt{16 - 16Sen^2(\theta)} Cos(\theta) \, d\theta$$
$$\int \sqrt{16 - x^2} dx = 4 \int \sqrt{16(1 - Sen^2(\theta))} Cos(\theta) \, d\theta$$
$$\int \sqrt{16 - x^2} dx = 4 \int \sqrt{16}\sqrt{(1 - Sen^2(\theta))} Cos(\theta) \, d\theta$$
$$\int \sqrt{16 - x^2} dx = 4 \int 4\sqrt{(1 - Sen^2(\theta))} Cos(\theta) \, d\theta$$
$$\int \sqrt{16 - x^2} dx = 4(4) \int \sqrt{(1 - Sen^2(\theta))} Cos(\theta) \, d\theta$$
$$\int \sqrt{16 - x^2} dx = 16 \int \sqrt{(1 - Sen^2(\theta))} Cos(\theta) \, d\theta$$

Ahora sustituyes dentro del radical $(1 - Sen^2(\theta))$ por $(Cos^2(\theta))$:

$$\int \sqrt{16 - x^2}dx = 16\int \sqrt{(1 - Sen^2(\theta))}Cos(\theta)\,d\theta$$

$$\int \sqrt{16 - x^2}dx = 16\int \sqrt{Cos^2(\theta)}Cos(\theta)\,d\theta$$

$$\int \sqrt{16 - x^2}dx = 16\int Cos(\theta)Cos(\theta)\,d\theta$$

$$\int \sqrt{16 - x^2}dx = 16\int Cos^2(\theta)\,d\theta$$

Como todavía la integral $\int Cos^2(\theta)\,d\theta$ no se puede resolver de manera inmediata, sustituyes lo siguiente en la integral:

$$Cos^2(\theta) = \frac{1 + Cos(2\theta)}{2}$$

$$\int \sqrt{16 - x^2}dx = 16\int \left(\frac{1 + Cos(2\theta)}{2}\right)d\theta$$

$$\int \sqrt{16 - x^2}dx = \frac{16}{2}\int (1 + Cos(2\theta))\,d\theta$$

$$\int \sqrt{16 - x^2}dx = 8\int d\theta + 8\int Cos(2\theta)\,d\theta$$

Se formaron dos integrales, las cuales llamaremos I_1 y I_2 respectivamente:

$$I_1 = 8\int d\theta = 8\theta + C.$$

$I_2 = 8\int Cos(2\theta)d\theta$. Se debe hacer un cambio de variable para resolver esta integral.

$$u = 2\theta$$
$$du = 2d\theta$$
$$\frac{du}{2} = d\theta$$
$$I_2 = 8\int Cos(2\theta)d\theta = 8\int Cos(u)\frac{du}{2}$$
$$I_2 = 8\int Cos(2\theta)d\theta = \frac{8}{2}\int Cos(u)du$$
$$I_2 = 8\int Cos(2\theta)d\theta = 4Sen(u) + C$$

Devuelves el cambio y obtienes la respuesta de I_2:

$$I_2 = 4Sen(2\theta) + C$$

Resultado de la integral $\int \sqrt{16 - x^2}dx$:

$$\int \sqrt{16 - x^2}dx = I_1 + I_2$$

$$\int \sqrt{16 - x^2}\,dx = 8\theta + 4Sen(2\theta) + C$$

Despejemos (θ) para colocar la respuesta en función de la variable (x). Por medio de trigonometría también podemos resolverlo:

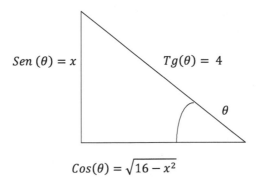

$$Sen\,(\theta) = x \qquad Tg(\theta) = 4$$

$$\theta$$

$$Cos(\theta) = \sqrt{16 - x^2}$$

Recordemos las siguientes identidades y sustituyes valores tal como se indica en la figura:

$$Sen\,(\theta) = \frac{Cos(\theta)}{Tg(\theta)} = \frac{\sqrt{16 - x^2}}{4}$$

$$Cos(\theta) = \frac{Sen(\theta)}{Tg(\theta)} = \frac{x}{4}$$

También sabemos que:

$$(\theta) = ArcSen\left(\frac{x}{4}\right)$$

$$2Sen(2\theta) = 2Sen(\theta)Cos(\theta)$$

Lo que haremos es sustituir en función de (x) las funciones trigonométricas, es decir:

$$2Sen(2\theta) = 2Sen(\theta)Cos(\theta) = 2\left(\frac{\sqrt{16-x^2}}{4}\right)\left(\frac{x}{4}\right)$$

$$2Sen(2\theta) = 2Sen(\theta)Cos(\theta) = \frac{x\sqrt{16-x^2}}{8}$$

Sustituyamos ahora en la integral:

$$\int \sqrt{16-x^2}dx = 8\left(ArcSen\left(\frac{x}{4}\right)\right) + 4\left(\frac{x\sqrt{16-x^2}}{8}\right) + C$$

Simplificas y obtienes el resultado:

$$\int \sqrt{16-x^2}dx = 8ArcSen\left(\frac{x}{4}\right) + \frac{x\sqrt{16-x^2}}{2} + C$$

1.2.2) Caso 2: Si dentro de la integral existe un radical $\sqrt{b^2x^2 - a^2}$, entonces puedes aplicar la siguiente sustitución:

Donde:

$$x = \frac{a}{b}Sec(\theta)$$

$$dx = \frac{a}{b}Sec(\theta)Tg(\theta)d\theta$$

$$Sec(\theta) = \frac{xb}{a}$$
$$Cos(\theta) = \frac{a}{xb}$$

Si despejamos (θ):

$$(\theta) = ArcSec\left(\frac{xb}{a}\right)$$

Ejemplo: Sea la integral $\int \frac{x^2 dx}{\sqrt{x^2-4}}$

$$\int \frac{x^2 dx}{\sqrt{x^2 - 4}} = \int \frac{x^2 dx}{\sqrt{x^2 - (2)^2}}$$

Identificas las variables y los coeficientes:

$$a = 2$$
$$b = 1$$
$$x = 2Sec(\theta)$$
$$dx = 2Sec(\theta)Tg(\theta)\,d\theta$$
$$(\theta) = ArcSec\left(\frac{x}{2}\right)$$

Sustituyes:

$$\int \frac{x^2 dx}{\sqrt{x^2 - 4}} = \int \frac{(2Sec(\theta))^2(2Sec(\theta)Tg(\theta))d\theta}{\sqrt{(2Sec(\theta))^2 - 4}}$$

$$\int \frac{x^2 dx}{\sqrt{x^2 - 4}} = \int \frac{4Sec^2(\theta)(2Sec(\theta)Tg(\theta))d\theta}{\sqrt{4Sec^2(\theta) - 4}}$$

$$\int \frac{x^2 dx}{\sqrt{x^2 - 4}} = 8\int \frac{Sec^2(\theta)\,Sec(\theta)Tg(\theta)d\theta}{\sqrt{4(Sec^2(\theta) - 1)}}$$

$$\int \frac{x^2 dx}{\sqrt{x^2 - 4}} = 8\int \frac{Sec^2(\theta)\,Sec(\theta)Tg(\theta)d\theta}{2\sqrt{Tg^2(\theta)}}$$

$$\int \frac{x^2 dx}{\sqrt{x^2 - 4}} = 4 \int \frac{Sec^2(\theta)Sec(\theta)Tg(\theta)\, d\theta}{Tg(\theta)}$$

$$\int \frac{x^2 dx}{\sqrt{x^2 - 4}} = 4 \int Sec^3(\theta)\, d\theta \; (Integral\; por\; partes)$$

$$\int \frac{x^2 dx}{\sqrt{x^2 - 4}} = 2(Sec(\theta)Tg(\theta) - Ln|Sec(\theta) + Tg(\theta)|)$$

Despejemos (θ) para colocar la respuesta en función de la variable (x). Por medio de trigonometría también podemos resolverlo:

$$(\theta) = ArcSec\left(\frac{x}{2}\right)$$

Recuerda que:

$$Sec(\theta) = \frac{1}{Cos(\theta)} = \frac{Tg(\theta)}{Sen(\theta)} = \frac{x}{2}$$
$$x = 2Sec(\theta)$$
$$\frac{x}{2} = Sec(\theta)$$
$$Sec(\theta) = \frac{x}{2}$$
$$Cos(\theta) = \frac{Sen(\theta)}{Tg(\theta)} = \frac{2}{x}$$
$$Sen(\theta) = \frac{Cos(\theta)}{Tg(\theta)} = \frac{\sqrt{x^2 - 4}}{x}$$
$$Tg(\theta) = \frac{Sen(\theta)}{Cos(\theta)} = \frac{\sqrt{x^2 - 4}}{2}$$
$$Sen(2\theta) = 2Sen(\theta)Cos(\theta)$$

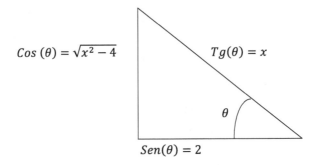

$$Cos\ (\theta) = \sqrt{x^2 - 4} \qquad\qquad Tg(\theta) = x$$

$$\theta$$

$$Sen(\theta) = 2$$

Recordemos las siguientes identidades y sustituyes valores tal como se indica en la figura:

Sustituimos en la integral, simplificas y obtienes la respuesta:

$$\int \frac{x^2 dx}{\sqrt{x^2 - 4}} = 2\left(\frac{x}{2}\frac{\sqrt{x^2 - 4}}{2} + Ln\left|\frac{x}{2} + \frac{\sqrt{x^2 - 4}}{2}\right|\right) + C$$

$$\int \frac{x^2 dx}{\sqrt{x^2 - 4}} = 2\left(\frac{x\sqrt{x^2 - 4}}{4} + Ln\left|\frac{x}{2} + \frac{\sqrt{x^2 - 4}}{2}\right|\right) + C$$

Caso 3: Si dentro de la integral existe un radical $\sqrt{b^2 x^2 + a^2}$, entonces puedes aplicar la siguiente sustitución:

$$x = \frac{a}{b}Tg(\theta)$$
$$Tg(\theta) = \frac{xb}{a}$$
$$Ctg(\theta) = \frac{a}{xb}$$

Si despejamos (θ):

$$(\theta) = ArcTg\left(\frac{xb}{a}\right)$$

Se realiza además una sustitución, donde:

$$Tg^2(\theta) = Sec^2(\theta) - 1$$

Ejemplo: Sea la integral $\int \frac{x^3}{\sqrt{2x^2+25}}\,dx$

$$\int \frac{x^3}{\sqrt{2x^2 + 25}}\,dx = \int \frac{x^3}{\sqrt{\left(\sqrt{2}x\right)^2 + (5)^2}}\,dx$$

Identificas las variables y los coeficientes:

$$a = 5$$
$$b = \sqrt{2}$$
$$x = \frac{5Tg(\theta)}{\sqrt{2}}, \qquad dx = \frac{5}{\sqrt{2}}Sec^2(\theta)\,d\theta$$
$$Tg(\theta) = \frac{x\sqrt{2}}{5}$$
$$(\theta) = ArcTg\left(\frac{x\sqrt{2}}{5}\right)$$

Sustituyes:

$$\int \frac{x^3}{\sqrt{2x^2 + 25}}\,dx = \int \frac{\left(\frac{5Tg(\theta)}{\sqrt{2}}\right)^3 \frac{5}{\sqrt{2}}Sec^2(\theta)\,d\theta}{\sqrt{2\left(\frac{5Tg(\theta)}{\sqrt{2}}\right)^2 + 25}}$$

$$\int \frac{x^3}{\sqrt{2x^2 + 25}}\,dx = \left(\frac{125}{2\sqrt{2}}\right)\left(\frac{5}{\sqrt{2}}\right)\int \frac{Tg^3(\theta)Sec^2(\theta)\,d\theta}{\sqrt{2\left(\frac{25Tg^2(\theta)}{2}\right) + 25}}$$

$$\int \frac{x^3}{\sqrt{2x^2 + 25}}\,dx = \frac{625}{4}\int \frac{Tg^3(\theta)Sec^2(\theta)\,d\theta}{\sqrt{25Tg^2(\theta) + 25}}$$

$$\int \frac{x^3}{\sqrt{2x^2 + 25}}\,dx = \frac{625}{4}\int \frac{Tg^3(\theta)Sec^2(\theta)\,d\theta}{\sqrt{25(Tg^2(\theta) + 1)}}$$

$$\int \frac{x^3}{\sqrt{2x^2+25}}dx = \frac{625}{4}\int \frac{Tg^3(\theta)Sec^2(\theta)\,d\theta}{\sqrt{25}\sqrt{(Tg^2(\theta)+1)}}$$

$$\int \frac{x^3}{\sqrt{2x^2+25}}dx = \frac{625}{4\sqrt{25}}\int \frac{Tg^3(\theta)Sec^2(\theta)\,d\theta}{\sqrt{Sec^2(\theta)}}$$

$$\int \frac{x^3}{\sqrt{2x^2+25}}dx = \frac{625}{4(5)}\int \frac{Tg^3(\theta)Sec^2(\theta)\,d\theta}{Sec(\theta)}$$

$$\int \frac{x^3}{\sqrt{2x^2+25}}dx = \frac{125}{4}\int Tg^3(\theta)Sec(\theta)\,d\theta$$

Para resolver esta integral se hace una sustitución y luego se aplica un cambio de variable, donde:

$$Tg^2(\theta) = Sec^2(\theta) - 1$$

$$\int \frac{x^3}{\sqrt{2x^2+25}}dx = \frac{125}{4}\int Tg^2(\theta)Tg(\theta)Sec(\theta)\,d\theta$$

$$\int \frac{x^3}{\sqrt{2x^2+25}}dx = \frac{125}{4}\int (Sec^2(\theta)-1)Tg(\theta)Sec(\theta)\,d\theta$$

$$u = Sec(\theta)$$

$$du = Sec(\theta)Tg(\theta)d\theta$$

Sustituimos el cambio de variable en la integral:

$$\int \frac{x^3}{\sqrt{2x^2+25}}dx = \frac{125}{4}\int (u^2-1)du$$

$$\int \frac{x^3}{\sqrt{2x^2+25}}dx = \frac{125}{4}\int u^2 du - \frac{125}{8}\int du$$

$$\int \frac{x^3}{\sqrt{2x^2+25}}\,dx = \frac{125}{4}\frac{u^3}{3} - \frac{125u}{4} + C$$

$$\int \frac{x^3}{\sqrt{2x^2+25}}\,dx = \frac{125u^3}{12} - \frac{125u}{4} + C$$

Resustituyes los valores:

$$\int \frac{x^3}{\sqrt{2x^2+25}}\,dx = \frac{125Sec^3(\theta)}{12} - \frac{125Sec(\theta)}{4} + C$$

Recuerda que:

$$Sec(\theta) = \frac{1}{Cos(\theta)} = \frac{Tg(\theta)}{Sen(\theta)} = \frac{\sqrt{2x^2+25}}{5}$$

Finalmente sustituyes en la integral:

$$\int \frac{x^3}{\sqrt{2x^2+25}}\,dx = \frac{125\left(\frac{\sqrt{2x^2+25}}{5}\right)^3}{12} - \frac{125\left(\frac{\sqrt{2x^2+25}}{5}\right)}{4} + C$$

$$\int \frac{x^3}{\sqrt{2x^2+25}}\,dx = \frac{125\left(\frac{\sqrt{(2x^2+25)^3}}{125}\right)}{12} - \frac{125\left(\frac{\sqrt{2x^2+25}}{5}\right)}{4} + C$$

$$\int \frac{x^3}{\sqrt{2x^2+25}}\,dx = \frac{\frac{\sqrt{(2x^2+25)^3}}{1}}{12} - \frac{25(\sqrt{2x^2+25})}{4} + C$$

$$\int \frac{x^3}{\sqrt{2x^2+25}}\,dx = \frac{\sqrt{(2x^2+25)^3}}{12} - \frac{25(\sqrt{2x^2+25})}{4} + C$$

2)   Método de integración por partes

Hay una fórmula muy particular de resolver estas integrales, y digo de manera particular porque hay una frase muy famosa en las Universidades que define dicha fórmula de una manera muy agradable, con el propósito de que el estudiante no olvidara la fórmula de integración por partes, ya que este método de integración resulta a veces un poco complicado a los estudiantes, pero ya verás que no es tan complicado como lo plantean. La fórmula es la siguiente:

$$\int uvdu = \int udv - \int vdu$$

Y la frase célebre era la siguiente, la cual recomiendo para que no olvides la fórmula:
"UN DÍA VÍ A UNA VACA SIN COLA, VESTIDA DE UNIFORME".

$$\int udv = uv - \int vdu$$

Matemáticamente hablando, (u) y (v) son dos funciones derivables. Por lo general esta fórmula es muy usada en expresiones que pueden ser formuladas como un producto de dos factores,

$$\int udv = uv - \int vdu$$

Con el propósito de hacer más fácil la integral y llegar al cálculo más directo de la integral $\int udv$.

Ejemplo:

a) $\int xCos(x)dx$

$$u = x \qquad\qquad dv = Cos(x)dx$$
$$du = dx \qquad\qquad v = -Sen(x)$$

$$\int xCos(x)dx = -xSen(x) + \int Sen(x)dx$$

$$\int xCos(x)dx = -xSen(x) - Cos(x) + C.$$

$$\int xCos(x)dx = -(xSen(x) + Cos(x)) + C.$$

El secreto de resolver este tipo de integrales es saber identificar la función que llamaremos (u) y (dv).

Yo te voy a dar un truco que te guiará mientras tomas experiencia, de manera que con práctica, luego podrás identificar a simple vista (u) y (dv). Se trata de LIATE, que está explicado en TRUCOS Y OPERACIONES PARA TRANSFORMAR UNA INTEGRAL COMPLEJA A UNA INTEGRAL INMEDIATA.

Otros ejemplos:

b) $\quad \int x^2 e^x dx$

$$u = x^2 \qquad\qquad dv = e^x dx$$
$$du = 2xdx \qquad\qquad v = e^x$$

$$\int x^2 e^x dx = x^2 e^x - \int 2xe^x dx$$

$$\int x^2 e^x dx = x^2 e^x - \boxed{2\int xe^x dx}$$

Como puedes notar, al sustituir, se forma otra integral de manera que procedes a darle solución, y puedes volver a aplicar el método LIATE. Entonces:

$$\boxed{\int xe^x dx}$$

$$u = x \qquad\qquad dv = e^x dx$$
$$du = dx \qquad\qquad v = e^x$$

$$\int xe^x dx = xe^x - \int e^x dx$$

Se vuelve a formar otra integral pero esta vez es una integral inmediata, dándole fin al resultado de la integral.

$$\int xe^x dx = \boxed{xe^x - e^x + C.}$$

Anteriormente la integral había quedado así:

$$\int x^2 e^x dx = x^2 e^x - 2\int xe^x dx$$

Pero como ya tenemos la respuesta de la integral enmarcada en el cuadro verde, lo que harás es multiplicar todo el resultado por (2), es decir:

$$\int x^2 e^x dx = x^2 e^x - 2\,(xe^x - e^x) + C$$

3) <u>Método de integración que contienen un trinomio cuadrado $(a^2 + bx + c)$</u>
   <u>Se pueden presentar de varios casos:</u>

   a) <u>Caso I</u>: Sea una integral $\int \frac{dx}{(a^2+bx+c)}$

Para este tipo de integrales, aplicamos completación de cuadrado, transformándose el denominador en una suma o diferencia de cuadrados.

Por medio de la completación de cuadrado, podrás transformar este tipo de integrales a integrales donde le apliques sustitución y de ahí llevarla a una integral inmediata. Siendo estos uno de los artificios matemáticos que debes aplicar a este tipo de integrales.

Ejemplo:

$$\int \frac{dx}{3x^2 + 7x + 10}$$

Completación de cuadrado:

$$a = 3$$
$$b = 7$$
$$c = 10$$

Sustituyes valores:

$$a\left[\left(x + \frac{b}{2a}\right)^2 + \left(\frac{c}{a} - \frac{b^2}{4a^2}\right)\right]$$

$$3\left[\left(x + \frac{7}{2(3)}\right)^2 + \left(\frac{10}{3} - \frac{(7)^2}{4(3)^2}\right)\right]$$

$$3\left[\left(x + \frac{7}{6}\right)^2 + \left(\frac{10}{3} - \frac{49}{36}\right)\right]$$

$$\boxed{3\left[\left(x + \frac{7}{6}\right)^2 + \left(\frac{71}{36}\right)\right]}$$

Ahora la integral seria del siguiente modo:

$$\frac{1}{3}\int \frac{dx}{\left(x+\frac{7}{6}\right)^2 + \left(\frac{71}{36}\right)}$$

Entonces aplicas un cambio de variable o sustitución, donde:

$$\left(x+\frac{7}{6}\right) = u$$
$$dx = du$$

Colocas el nuevo cambio de variable a la integral. Ahora debes tratar de identificar a qué tipo de integral elemental se asemeja, es decir, en este caso esta integral es de la forma $\int \frac{dv}{v^2+a^2} = \frac{1}{a}ArcTg\left(\frac{v}{a}\right) + C$. Entonces:

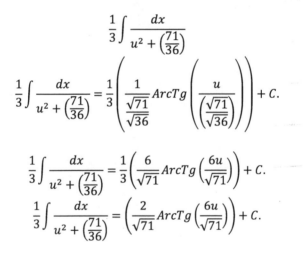

$$\frac{1}{3}\int \frac{dx}{u^2 + \left(\frac{71}{36}\right)}$$

$$\frac{1}{3}\int \frac{dx}{u^2 + \left(\frac{71}{36}\right)} = \frac{1}{3}\left(\frac{1}{\frac{\sqrt{71}}{\sqrt{36}}}ArcTg\left(\frac{u}{\left(\frac{\sqrt{71}}{\sqrt{36}}\right)}\right)\right) + C.$$

$$\frac{1}{3}\int \frac{dx}{u^2 + \left(\frac{71}{36}\right)} = \frac{1}{3}\left(\frac{6}{\sqrt{71}}ArcTg\left(\frac{6u}{\sqrt{71}}\right)\right) + C.$$

$$\frac{1}{3}\int \frac{dx}{u^2 + \left(\frac{71}{36}\right)} = \left(\frac{2}{\sqrt{71}}ArcTg\left(\frac{6u}{\sqrt{71}}\right)\right) + C.$$

Ahora puedes devolver el cambio de los valores para (u), quedándote así:

$$\frac{1}{3}\int \frac{dx}{\left(x+\frac{7}{6}\right)^2 + \left(\frac{71}{36}\right)} = \left(\frac{2}{\sqrt{71}} ArcTg\left(\frac{6\left(x+\frac{7}{6}\right)}{\sqrt{71}}\right)\right) + C.$$

b) Caso II: Sea una integral $\int \frac{(Mx+N)dx}{(ax^2+bx+c)}$

En este método hay que considerar la suma de dos integrales, además aplicarás una transformación por medio de una fórmula, es decir, sea la integral:

$$\int \frac{(Mx+n)dx}{(ax^2+bx+c)}$$

Entonces:

$$\int \frac{\frac{M}{2a}(2ax+b) + \left(N - \frac{Mb}{2a}\right)}{ax^2+bx+c} dx$$

Luego separas las integrales, quedándote del siguiente modo:

$$\int \frac{\frac{M}{2a}(2ax+b)}{ax^2+bx+c} dx + \int \frac{\left(N - \frac{Mb}{2a}\right)}{ax^2+bx+c} dx$$

Llamaremos a la primera integral I_1:

$$I_1 = \int \frac{\frac{M}{2a}(2ax+b)}{ax^2+bx+c} dx$$

$$I_1 = \frac{M}{2a} \int \frac{(2ax+b)}{ax^2+bx+c} dx$$

Para resolver la integral I_1, deberás aplicar un cambio de variable o sustitución, donde:

$$u = ax^2 + bx + c$$
$$du = 2ax + b$$

Recuerda devolver el cambio de los valores de (u).
Y la segunda integral la llamaremos I_2:

$$I_2 = \int \frac{\left(N - \frac{Mb}{2a}\right)}{ax^2 + bx + c} dx$$
$$I_2 = \left(N - \frac{Mb}{2a}\right) \int \frac{1}{ax^2 + bx + c} dx$$

En la integral I_2 deberás aplicar el caso I, ya que es de esa misma forma.

Ejemplo: Sea la integral:

$$\int \frac{(7x + 6)dx}{2x^2 + 5x + 6}$$

Primero identifica los coeficientes:

$$M = 4$$
$$N = 5$$
$$a = 2$$
$$b = 5$$
$$c = 6$$

Ahora aplicas la siguiente fórmula y separas las integrales:

$$\int \frac{\frac{M}{2a}(2ax + b) + \left(N - \frac{Mb}{2a}\right)}{ax^2 + bx + c} dx$$

Sea la integral I_1:

$$I_1 = \frac{M}{2a} \int \frac{(2ax + b)}{ax^2 + bx + c} dx$$

Sustituyes valores

$$I_1 = \int \frac{\frac{7}{2(2)}(2(2)x+5)}{2x^2+5x+6}\,dx$$

$$I_1 = \int \frac{\frac{7}{4}(4x+5)}{2x^2+5x+6}\,dx$$

$$I_1 = \frac{7}{4}\int \frac{(4x+5)}{2x^2+5x+6}\,dx$$

Aplicas cambio de variable o lo que también se llama sustitución:

$$u = 2x^2 + 5x + 6$$
$$du = (4x + 5)dx$$

Entonces:

$$I_1 = \frac{7}{4}\int \frac{(4x+5)}{2x^2+5x+6}\,dx = \frac{7}{4}\int \frac{du}{u}$$

$$I_1 = \frac{7}{4}\int \frac{(4x+5)}{2x^2+5x+6}\,dx = \frac{7}{4}ln|u| + C$$

Luego sustituyes los valores de (u):

$$I_1 = \frac{7}{4}\int \frac{(4x+5)}{2x^2+5x+6}\,dx = \frac{7}{4}ln|2x^2 + 5x + 6| + C$$

Sea la integral I_2:

$$I_2 = \left(N - \frac{Mb}{2a}\right)\int \frac{1}{ax^2 + bx + c}\,dx$$

$$I_2 = \left(6 - \frac{(7)(5)}{2(2)}\right)\int \frac{1}{2x^2 + 5x + 6}\,dx$$

$$I_2 = \left(6 - \frac{35}{4}\right)\int \frac{1}{2x^2 + 5x + 6}\,dx$$

$$I_2 = -\frac{11}{4} \int \frac{1}{2x^2 + 5x + 6} dx$$

Completación de cuadrado:

$$a = 2$$
$$b = 5$$
$$c = 6$$

Sustituyes valores:

$$a\left[\left(x + \frac{b}{2a}\right)^2 + \left(\frac{c}{a} - \frac{b^2}{4a^2}\right)\right]$$
$$2\left[\left(x + \frac{5}{2(2)}\right)^2 + \left(\frac{6}{2} - \frac{(5)^2}{4(2)^2}\right)\right]$$
$$2\left[\left(x + \frac{5}{4}\right)^2 + \left(3 - \frac{25}{16}\right)\right]$$
$$2\left[\left(x + \frac{5}{4}\right)^2 + \left(\frac{48 - 25}{16}\right)\right]$$
$$2\left[\left(x + \frac{5}{4}\right)^2 + \left(\frac{23}{16}\right)\right]$$

Sustituyes en la integral:

$$I_2 = \left(-\frac{11}{4}\right)\left(\frac{1}{2}\right) \int \frac{1}{\left(x + \frac{5}{4}\right)^2 + \left(\frac{23}{16}\right)} dx$$

$$I_2 = -\frac{11}{8} \int \frac{1}{\left(x + \frac{5}{4}\right)^2 + \left(\frac{23}{16}\right)} dx$$

Ya puedes aplicar cambio de variable:

$$\left(x + \frac{5}{4}\right) = u$$
$$dx = du$$

Entonces:

$$I_2 = -\frac{11}{8}\int \frac{1}{\left(x+\frac{5}{4}\right)^2 + \left(\frac{23}{16}\right)}dx = -\frac{11}{8}\int \frac{1}{u^2 + \left(\frac{23}{16}\right)}du$$

$$I_2 = -\frac{11}{8}\int \frac{1}{u^2 + \left(\frac{23}{16}\right)}du = -\frac{11}{8}\left(\frac{1}{\frac{\sqrt{23}}{\sqrt{16}}}ArcTg\left(\frac{u}{\frac{\sqrt{23}}{\sqrt{16}}}\right)\right) + C$$

$$I_2 = -\frac{11}{8}\int \frac{1}{u^2 + \left(\frac{23}{16}\right)}du = -\frac{11}{8}\left(\frac{1}{\frac{\sqrt{23}}{4}}ArcTg\left(\frac{u}{\frac{\sqrt{23}}{4}}\right)\right) + C$$

$$I_2 = -\frac{11}{8}\int \frac{1}{u^2 + \left(\frac{23}{16}\right)}du = -\frac{11}{8}\left(\frac{4}{\sqrt{23}}ArcTg\left(\frac{4u}{\sqrt{23}}\right)\right) + C$$

Devuelves el cambio del valor de (u) y efectúas las respectivas operaciones:

$$I_2 = -\frac{11}{8}\int \frac{1}{u^2 + \left(\frac{23}{16}\right)}du = -\frac{11}{8}\left(\frac{4}{\sqrt{23}}ArcTg\left(\frac{4\left(x+\frac{5}{4}\right)}{\sqrt{23}}\right)\right) + C$$

$$I_2 = -\frac{11}{8}\int \frac{1}{u^2 + \left(\frac{23}{16}\right)}du = -\frac{11}{8}\left(\frac{4}{\sqrt{23}}ArcTg\left(\frac{4x+5}{\sqrt{23}}\right)\right) + C$$

Una vez resueltas las dos integrales, quedaría estructurada de la siguiente forma el resultado final:

$$\int \frac{(4x+5)dx}{2x^2+5x+6} = \frac{7}{4}ln|2x^2+5x+6| - \frac{1}{8}\left(\frac{4}{\sqrt{23}}ArcTg\left(\frac{4x+5}{\sqrt{23}}\right)\right) + C$$

c)   <u>Caso III:</u> Sea la integral $\int \frac{(Mx+N)dx}{\sqrt{ax^2+bx+c}}$

En este caso el radical influye de cierto modo en la aplicación de completación de cuadrado. Este caso es parecido al anterior, solo que este incluye un radical en el denominador de la función, por lo que deberás aplicar las siguientes fórmulas:

$$\int \frac{(Mx+N)dx}{\sqrt{ax^2+bx+c}} = \int \frac{\frac{M}{2a}(2ax+b)+\left(N-\frac{Mb}{2a}\right)}{\sqrt{ax^2+bx+c}}dx$$

Entonces:

$$\int \frac{(Mx+N)dx}{\sqrt{ax^2+bx+c}} = \int \frac{\frac{M}{2a}(2ax+b)+\left(N-\frac{Mb}{2a}\right)}{\sqrt{ax^2+bx+c}}dx$$

Luego separas las integrales:

$$\int \frac{(Mx+N)dx}{\sqrt{ax^2+bx+c}} = \frac{M}{2a}\int \frac{(2ax+b)}{\sqrt{ax^2+bx+c}}dx + \left(N-\frac{Mb}{2a}\right)\int \frac{1}{\sqrt{ax^2+bx+c}}dx$$

Llamaremos integral I_1:

$$I_1 = \frac{M}{2a}\int \frac{(2ax+b)}{\sqrt{ax^2+bx+c}}dx$$

Llamaremos integral I_2:

$$I_1 = \left(N-\frac{Mb}{2a}\right)\int \frac{1}{\sqrt{ax^2+bx+c}}dx$$

De igual modo la primera integral le aplicas cambio de variable o sustitución, incluyendo este cambio dentro del radical, donde:

$$u = ax^2+bx+c$$
$$du = 2ax+b$$

Y a la segunda integral I_2 le aplicas el caso I.

Ejemplo: Sea la integral $\int \frac{(7x+2)dx}{\sqrt{6x^2+8x+1}}$

Primero identifica los coeficientes:

$$M = 7$$
$$N = 2$$
$$a = 6$$
$$b = 8$$
$$c = 1$$

Ahora aplicas la siguiente fórmula y separas las integrales:

$$\int \frac{\frac{M}{2a}(2ax+b) + \left(N - \frac{Mb}{2a}\right)}{\sqrt{ax^2+bx+c}}\,dx$$

Sea la integral I_1:

$$I_1 = \frac{M}{2a}\int \frac{(2ax+b)}{\sqrt{6x^2+8x+1}}\,dx$$

Sustituyes valores

$$I_1 = \int \frac{\frac{7}{2(6)}(2(6)x+8)}{\sqrt{6x^2+8x+1}}\,dx$$
$$I_1 = \frac{7}{12}\int \frac{(12x+8)}{\sqrt{6x^2+8x+1}}\,dx$$

Aplicas cambio de variable o lo que también se llama sustitución:

$$u = 6x^2 + 8x + 1$$
$$du = (12x+8)dx$$

Entonces:

$$I_1 = \frac{7}{12}\int \frac{du}{\sqrt{u}}$$
$$I_1 = \frac{7}{12}\int u^{-\frac{1}{2}}du = \frac{7}{12}\left(\frac{u^{-\frac{1}{2}+1}}{-\frac{1}{2}+1}\right) + C$$

$$I_1 = \frac{7}{12} \int u^{-\frac{1}{2}} du = \frac{7}{12} \left(\frac{u^{\frac{1}{2}}}{\frac{1}{2}} \right) + C$$

$$I_1 = \frac{7}{12} \int u^{-\frac{1}{2}} du = \frac{7}{12} \left(2u^{\frac{1}{2}} \right) + C$$

$$I_1 = \frac{7}{12} \int u^{-\frac{1}{2}} du = \frac{7}{6} \left(u^{\frac{1}{2}} \right) + C$$

$$I_1 = \frac{7}{12} \int u^{-\frac{1}{2}} du = \frac{7}{6} \left(\sqrt{u} \right) + C$$

Luego sustituyes los valores de (u):

$$I_1 = \frac{7}{12} \int \frac{(12x+8)}{\sqrt{6x^2+8x+1}} dx = \frac{7}{6} \left(\sqrt{6x^2+8x+1} \right) + C$$

Sea la integral I_2:

$$I_2 = \left(N - \frac{Mb}{2a} \right) \int \frac{1}{\sqrt{ax^2+bx+c}} dx$$

$$I_2 = \left(2 - \frac{(7)(8)}{2(6)} \right) \int \frac{1}{\sqrt{6x^2+8x+1}} dx$$

$$I_2 = \left(2 - \frac{(7)(2)}{3} \right) \int \frac{1}{\sqrt{6x^2+8x+1}} dx$$

$$I_2 = \left(2 - \frac{14}{3} \right) \int \frac{1}{\sqrt{6x^2+8x+1}} dx$$

$$I_2 = \left(-\frac{8}{3} \right) \int \frac{1}{\sqrt{6x^2+8x+1}} dx$$

Completación de cuadrado:

$$a = 6$$
$$b = 8$$
$$c = 1$$

Sustituyes valores:

$$a\left[\left(x+\frac{b}{2a}\right)^2 + \left(\frac{c}{a}-\frac{b^2}{4a^2}\right)\right]$$

$$6\left[\left(x+\frac{8}{2(6)}\right)^2 + \left(\frac{1}{6}-\frac{(8)^2}{4(6)^2}\right)\right]$$

$$6\left[\left(x+\frac{8}{12}\right)^2 + \left(\frac{1}{6}-\frac{64}{4(36)}\right)\right]$$

$$6\left[\left(x+\frac{2}{3}\right)^2 + \left(\frac{1}{6}-\frac{64}{144}\right)\right]$$

$$6\left[\left(x+\frac{2}{3}\right)^2 + \left(\frac{1}{6}-\frac{4}{9}\right)\right]$$

$$6\left[\left(x+\frac{2}{3}\right)^2 - \left(\frac{5}{18}\right)\right]$$

Sustituyes en la integral:

$$I_2 = \left(-\frac{8}{3}\right)\left(\frac{1}{6}\right)\int \frac{1}{\left(x+\frac{2}{3}\right)^2 - \left(\frac{5}{18}\right)}\,dx$$

$$I_2 = \left(-\frac{4}{9}\right)\int \frac{1}{\left(x+\frac{2}{3}\right)^2 - \left(\frac{5}{18}\right)}\,dx$$

Ya puedes aplicar cambio de variable:

$$\left(x + \frac{2}{3}\right) = u$$
$$dx = du$$

Entonces:

$$I_2 = \left(-\frac{4}{9}\right)\int \frac{1}{\sqrt{\left(x+\frac{2}{3}\right)^2 - \left(\frac{5}{18}\right)}}dx = \left(-\frac{4}{9}\right)\int \frac{1}{\sqrt{u^2 - \left(\frac{5}{18}\right)}}du$$

$$I_2 = \left(-\frac{4}{9}\right)\int \frac{1}{\sqrt{u^2 - \left(\frac{5}{18}\right)}}du = \left(-\frac{4}{9}\right)\left(Ln\left(u + \sqrt{u^2 - \frac{5}{18}}\right)\right) + C$$

$$I_2 = \left(-\frac{4}{9}\right)\int \frac{1}{\sqrt{\left(x+\frac{2}{3}\right)^2 - \left(\frac{5}{18}\right)}}dx$$

$$= \left(-\frac{4}{9}\right)\left(Ln\left(\left(x+\frac{2}{3}\right) + \sqrt{\left(x+\frac{2}{3}\right)^2 - \frac{5}{18}}\right)\right) + C$$

Una vez resueltas las dos integrales unes los dos resultados y quedaría estructurada de la siguiente forma el resultado final:

$$\int \frac{(7x+2)dx}{\sqrt{6x^2+8x+1}}$$

$$= \frac{7}{6}\left(\sqrt{6x^2+8x+1}\right) - \left(\frac{4}{9}\right)\left[Ln\left(\left(x+\frac{2}{3}\right) + \sqrt{\left(x+\frac{2}{3}\right)^2 - \frac{5}{18}}\right)\right] + C$$

d)   <u>Caso IV:</u> Sea la integral $\int \frac{dx}{\sqrt{ax^2+bx+c}}$

Este caso es más sencillo que el caso anterior. Sólo deberás realizar una completación de cuadrado, introduces los valores dentro del radical y podrás darle solución a la integral de manera directa.

Ejemplo: Sea la integral $\int \dfrac{dx}{\sqrt{2x^2+8x+1}}$

Completación de cuadrado:

$$a = 2$$
$$b = 8$$
$$c = 1$$

Sustituyes valores:

$$a\left[\left(x+\frac{b}{2a}\right)^2 + \left(\frac{c}{a} - \frac{b^2}{4a^2}\right)\right]$$
$$2\left[\left(x+\frac{8}{2(2)}\right)^2 + \left(\frac{1}{2} - \frac{(8)^2}{4(2)^2}\right)\right]$$
$$2\left[\left(x+\frac{8}{4}\right)^2 + \left(\frac{1}{2} - \frac{64}{16}\right)\right]$$
$$2\left[(x+2)^2 + \left(\frac{1}{2} - 4\right)\right]$$
$$2\left[(x+2)^2 - \frac{7}{2}\right]$$

Ahora la integral seria del siguiente modo:

$$\frac{1}{2}\int \frac{dx}{\sqrt{(x+2)^2 - \dfrac{7}{2}}}$$

Entonces aplicas un cambio de variable o sustitución, donde:

$$(x+2) = u$$
$$dx = du$$

Colocas el nuevo cambio de variable a la integral. Entonces:

$$\frac{1}{2}\int \frac{dx}{\sqrt{(x+2)^2 - \dfrac{7}{2}}} = \frac{1}{2}\int \frac{dx}{\sqrt{u^2 - \dfrac{7}{2}}}$$

$$\frac{1}{2}\int \frac{dx}{\sqrt{u^2 - \frac{7}{2}}} = \frac{1}{2}\left[Ln\left(u + \sqrt{u^2 - \frac{7}{2}}\right)\right] + C$$

$$\frac{1}{2}\int \frac{dx}{\sqrt{(x+2)^2 - \frac{7}{2}}} = \frac{1}{2}\left[Ln\left((x+2) + \sqrt{(x+2)^2 - \frac{7}{2}}\right)\right] + C$$

e)   Caso V: sea la integral $\int \sqrt{ax^2 + bx + c}\, dx$

Este caso también es rápido y fácil de resolver comparado con otros de este tipo de integrales.

Ejemplo: Sea la integral $\int \sqrt{10x^2 + x + 6}\, dx$

Completación de cuadrado:

$$a = 10$$
$$b = 1$$
$$c = 6$$

Sustituyes valores:

$$a\left[\left(x + \frac{1}{2(10)}\right)^2 + \left(\frac{6}{10} - \frac{1^2}{4(10)^2}\right)\right]$$

$$10\left[\left(x + \frac{1}{20}\right)^2 + \left(\frac{3}{5} - \frac{1}{400}\right)\right]$$

$$10\left[\left(x + \frac{1}{20}\right)^2 + \left(\frac{3}{5} - \frac{1}{400}\right)\right]$$

$$\boxed{10\left[\left(x + \frac{1}{20}\right)^2 + \left(\frac{239}{400}\right)\right]}$$

Ahora la integral seria del siguiente modo:

$$10 \int \sqrt{\left(x + \frac{1}{20}\right)^2 + \left(\frac{239}{400}\right)} \, dx$$

Entonces aplicas un cambio de variable o sustitución, donde:

$$\left(x + \frac{1}{20}\right) = u$$
$$dx = du$$

$$\int \sqrt{10x^2 + x + 6} \, dx = 10 \int \sqrt{u^2 + \left(\frac{239}{400}\right)} \, dx$$

$$10 \int \sqrt{u^2 + \left(\frac{239}{400}\right)} \, dx$$

$$= 10 \left(\frac{u}{2} \sqrt{u^2 + \left(\frac{239}{400}\right)} + \frac{\left(\frac{239}{400}\right)}{2} Ln \left(u + \sqrt{u^2 + \left(\frac{239}{400}\right)} \right) + C \right)$$

$$10 \int \sqrt{\left(x+\frac{1}{20}\right)^2 + \left(\frac{239}{400}\right)} \, dx = 10 \left(\frac{\left(x+\frac{1}{20}\right)}{2} \sqrt{\left(x+\frac{1}{20}\right)^2 + \left(\frac{239}{400}\right)} + \frac{\left(\frac{239}{400}\right)}{2} Ln \left(\left(x+\frac{1}{20}\right) + \sqrt{\left(x+\frac{1}{20}\right)^2 + \left(\frac{239}{400}\right)} \right) + c \right)$$

$$10 \int \sqrt{\left(x+\frac{1}{20}\right)^2 + \left(\frac{239}{400}\right)} \, dx = 10 \left(\frac{\left(x+\frac{1}{20}\right)}{2} \sqrt{\left(x+\frac{1}{20}\right)^2 + \left(\frac{239}{400}\right)} + \frac{239}{800} Ln \left(\left(x+\frac{1}{20}\right) + \sqrt{\left(x+\frac{1}{20}\right)^2 + \left(\frac{239}{400}\right)} \right) + c \right)$$

4)   Método de integración de funciones racionales (fracciones parciales)

Trata de la integración de fracciones simples y polinomios, donde se puede presentar varios casos de integración para este tipo de funciones, dependiendo de las raíces en el denominador. Estudiemos los casos:

a) Caso I: para este caso de funciones racionales, los denominadores son reales y no serán iguales.

$$\frac{F(x)}{f(x)} = \frac{A}{(x-a)} + \frac{B}{(x-b)} + \cdots + \frac{M}{(x-m)},$$

Ejemplo: sea la integral $\int \frac{dx}{(x^2-1)}$

Lo primero que debes hacer es descomponer las fracciones racionales en fracciones simples:

$$\int \frac{dx}{(x^2-1)} = \int \frac{dx}{(x-1)(x+1)}$$

Luego debes igualar la integral a la suma de dos fracciones, donde A y B son constantes diferentes de cero y que serán calculadas más adelante:

$$\int \frac{dx}{(x-1)(x+1)} = \frac{A}{x-1} + \frac{B}{x+1}$$

Ahora necesitas los valores de A y B para poder integrar.

Realizas la siguiente igualación, sacas factor común que sería $(x-1)(x+1)$, lo divides por los denominadores, y lo que te de lo multiplicas por el numerador de las fracciones:

$$\frac{1}{(x-1)(x+1)} = \frac{A}{x-1} + \frac{B}{x+1}$$
$$1 = A(x+1) + B(x-1)$$

Ahora debes hallar los valores de A y B. Lo que harás es darle un valor a (x), y sustituirlos en $1 = A(x+1) + B(x-1)$:

Si $(x = 1)$

$$1 = A(1 + 1) + B(1 - 1)$$
$$1 = A(2)$$

$$\boxed{A = \frac{1}{2}}$$

Si $(x = -1)$

$$1 = A(-1 + 1) + B(-1 - 1)$$
$$1 = B(-2)$$

$$\boxed{B = -\frac{1}{2}}$$

Ya tienes los valores de A y B, lo que queda es sustituirlos en las integrales:

$$\int \frac{dx}{(x - 1)(x + 1)} = \int \frac{\frac{1}{2}}{x - 1} dx + \int \frac{-\frac{1}{2}}{x + 1} dx$$

$$\int \frac{dx}{(x - 1)(x + 1)} = \frac{1}{2} \int \frac{1}{x - 1} dx - \frac{1}{2} \int \frac{1}{x + 1} dx$$

$$\int \frac{dx}{(x - 1)(x + 1)} = \frac{1}{2} Ln|x - 1| - \frac{1}{2} Ln|x + 1| + C$$

$$\boxed{\int \frac{dx}{(x - 1)(x + 1)} = \frac{1}{2} \left(Ln \left| \frac{x - 1}{x + 1} \right| \right) + C}$$

b)   Caso II: es parecido al anterior pero este caso incluye raíces múltiples.

$$\frac{F(x)}{f(x)} = \frac{A}{(x - a)^\alpha} + \frac{B}{(x - b)^\beta} + \cdots + \frac{M}{(x - m)^{\gamma}}$$

Ejemplo: sea la integral $3 \int \frac{(x-2)dx}{x(x+1)^3}$

Primero descompones fracciones:

$$\frac{3(x-2)}{x(x+1)^3} = \frac{A}{x} + \frac{B}{(x+1)} + \frac{C}{(x+1)^2} + \frac{D}{(x+1)^3}$$

Sacas factor común, desarrollas los productos y multiplicas términos:

$$3(x-2) = A(x+1)^3 + Bx(x+1)^2 + Cx(x+1) + Dx$$
$$3x - 6 = A(x^3 + 3x^2 + 3x + 1) + Bx(x^2 + 2x + 1) + Cx^2 + Cx + Dx$$
$$3x - 6 = Ax^3 + 3Ax^2 + 3Ax + A + Bx^3 + 2Bx^2 + Bx + Cx^2 + Cx$$
$$+ Dx$$
$$3x - 6 = x^3(A+B) + x^2(3A + 2B + C) + x(3A + B + C + D) + A$$

Ya puedes comenzar a igualar:
$A + B = 0$. Como del lado izquierdo de la igualdad no hay términos que contengan x^3, simplemente igualas a cero.
$3A + 2B + C = 0$.
$3A + B + C + D = 3$. En este caso si existe una (x) del lado izquierdo de la igualdad, y contiene como coeficiente (3) por lo que esta ecuación se iguala a (3).
$A = -6$.

Entonces, como ya tenemos el valor de la constante A, sencillamente sustituimos su valor en la ecuación $A + B = 0$, para obtener el valor de B:
$$A + B = 0$$
$$-6 + B = 0$$
$$\boxed{B = 6}$$

Ya se tiene el valor de A y B, entonces sustituimos en la ecuación $3A + 2B + C = 0$, y obtener el valor de C:

$$3A + 2B + C = 0$$
$$3(-6) + 2(6) + C = 0$$

$$-18 + 12 + C = 0$$
$$-6 + C = 0$$
$$\boxed{C = 6}$$

Ahora sustituimos en $3A + B + C + D = 3$:

$$3A + B + C + D = 3$$
$$3(-6) + 6 + 6 + D = 3$$
$$-18 + 12 + D = 3$$
$$-6 + D = 3$$
$$D = 3 + 6$$
$$\boxed{D = 9}$$

Puedes comprobar los valores de las constantes incorporándolas en una ecuación para descartar errores, tomemos la ecuación:

$$3A + B + C + D = 3$$
$$3(-6) + 6 + 6 + 9 = 3$$
$$-18 + 12 + 9 = 3$$
$$\boxed{3 = 3}$$

Sustituir valores en las integrales:

$$\int \frac{3(x-2)}{x(x+1)^3} dx = \int \frac{-6}{x} dx + \int \frac{6}{(x+1)} dx + \int \frac{6}{(x+1)^2} dx + \int \frac{9}{(x+1)^3} dx$$
$$\int \frac{3(x-2)}{x(x+1)^3} dx = -6 \int \frac{dx}{x} + 6 \int \frac{dx}{(x+1)} + 6 \int \frac{dx}{(x+1)^2} + 9 \int \frac{dx}{(x+1)^3}$$

$I_3 = 6 \int \frac{dx}{(x+1)^2}$. Realicemos un cambio de variable, donde:

$$u = x + 1$$
$$du = dx$$
$$6 \int \frac{dx}{u^2} = 6 \int u^{-2} dx$$
$$6 \int u^{-2} dx = -\frac{6}{u} + C.$$

Devuelves el cambio:

$$6\int (x+1)^{-2}dx = \frac{-6}{x+1} + C.$$

$I_4 = 9\int \frac{dx}{(x+1)^3}.$ Realicemos un cambio de variable, donde:

$$u = x+1$$
$$du = dx$$
$$9\int \frac{dx}{u^3} = 6\int u^{-3}dx$$
$$9\int u^{-3}dx = -\frac{9}{2u^2} + C.$$

Devuelves el cambio:

$$9\int (x+1)^{-3}dx = -\frac{9}{2(x+1)^2} + C.$$

Resultado:

$$\int \frac{3(x-2)}{x(x+1)^3}dx = -6Ln|x| + 6Ln|x+1| - \frac{6}{x+1} - \frac{9}{2(x+1)^2} + C$$

c) Caso III: este caso incluye raíces más complejas que se deben descompones en fracciones simples.

$$f(x) = (x^2 + px + q)(x^2 + mx + t) \dots (x-a)^\alpha$$

Ejemplo: sea la integral $\int \frac{dx}{x(x^2+2)}$

$$\frac{1}{x(x^2+2)} = \frac{A}{x} + \frac{Bx+C}{(x^2+2)}$$

Sacas mínimo común múltiplo, multiplicas términos y agrupas:

$$1 = A(x^2 + 2) + (Bx + C)x$$
$$1 = Ax^2 + 2A + Bx^2 + Cx$$
$$1 = x^2(A + B) + Cx + 2A$$

Hallar los valores de las constantes:

$$1 = 2A$$

$$\boxed{A = \frac{1}{2}}$$

Sustituimos el valor de A en la ecuación para hallar el valor de B:

$$A + B = 0$$
$$\frac{1}{2} + B = 0$$

$$\boxed{B = -\frac{1}{2}}$$

El valor de C es igual a cero, porque del lado izquierdo de la igualdad de las ecuaciones no hay una constante que contenga la variable (x).

$$\boxed{C = 0}$$

Sustituir valores en las integrales y separas integrales:

$$\int \frac{dx}{x(x^2 + 2)} = \int \frac{\frac{1}{2}}{x} dx + \int \frac{\left(-\frac{1}{2}\right)x + 0}{(x^2 + 2)} dx$$
$$\int \frac{dx}{x(x^2 + 2)} = \frac{1}{2}\int \frac{dx}{x} - \frac{1}{2}\int \frac{x}{(x^2 + 2)} dx$$

Se formaron dos integrales:

$I_1 = \frac{1}{2} \int \frac{dx}{x} = \frac{1}{2} Ln|x| + C.$

$I_2 = -\frac{1}{2} \int \frac{x}{(x^2+2)} dx.$ Realizar un cambio de variable.

$$u = x^2 + 2$$
$$du = 2xdx$$
$$\frac{du}{2} = xdx$$

$$-\frac{1}{2} \int \frac{x}{(x^2+2)} dx = \left(-\frac{1}{2}\right)\left(\frac{1}{2}\right) \int \frac{du}{u}$$
$$-\frac{1}{4} \int \frac{du}{u} = -\frac{1}{4} Ln|u| + C$$

Devuelves el cambio:

$$-\frac{1}{4} \int \frac{x}{(x^2+2)} dx = -\frac{1}{4} Ln|x^2+2| + C$$

Resultado:

$$\int \frac{dx}{x(x^2+2)} = \frac{1}{2} Ln|x| - \frac{1}{4} Ln|x^2+2| + C$$

$$\int \frac{dx}{x(x^2+2)} = \frac{1}{2}\left(Ln|x| - \frac{1}{2} Ln(x^2+2)\right) + C$$

d) Caso IV: este caso es parecido al anterior, contiene raíces complejas pero se repetirán y también podrán ser descompuestas en fracciones simples.

Ejemplo: Sea la integral $\int \frac{dx}{(x^2+3x+2)^2(x+1)}$

$$\int \frac{dx}{(x^2+3x+2)^2(x+1)} = \frac{Ax+B}{(x^2+3x+2)^2} + \frac{Cx+D}{(x+1)(x^2+3x+2)} + \frac{E}{(x+1)}$$

Recuerda aplicar la combinación de todos los procedimientos anteriores. Se puede resolver aplicando sistema de ecuaciones de ser necesario.

Método de integración de las integrales binomias:

Las integrales binomias son de la forma $\int x^z(a+bx^m)^n dx$, donde z, a, b, m y n son constantes y que además suelen ser números racionales en algunos casos, logrando transformar las funciones racionales en funciones elementales.

Para lograr reducir estas integrales de funciones racionales en funciones elementales hay que tomar en cuenta 3 casos:

Caso I:

n:es un número entero positivo, negativo ó puede ser cero (0).

Ejemplo: Sea la integral $\int \frac{(1+\sqrt{x})^2}{\sqrt{x}} dx$

$$\int \frac{(1+\sqrt{x})^2}{\sqrt{x}} dx = \int x^{-\frac{1}{2}}\left(1+x^{\frac{1}{2}}\right)^2 dx$$

Identificas los exponentes:

$$z = -\frac{1}{2}$$
$$m = \frac{1}{2}$$
$$n = 2$$

Como (n) es un número entero puedes transformar la integral de manera que la función te quede de forma lineal, para esto es necesario comenzar a transformar lo que está dentro del paréntesis aplicando lo siguiente:

$$x = t^{\frac{1}{m}}$$

$$dx = \frac{1}{m} t^{\frac{1}{m}-1} dt$$

Entonces:

$$x = t^{\frac{1}{m}}$$

$$x = t^{\frac{1}{\frac{1}{2}}} = t^2$$

$$x^{\frac{1}{2}} = t$$

$$dx = \frac{1}{m} t^{\frac{1}{m}-1} dt$$

$$dx = \frac{1}{\frac{1}{2}} t^{\frac{1}{\frac{1}{2}}-1} dt = 2t dt$$

Sustituyes:

$$\int x^{-\frac{1}{2}} \left(1 + x^{\frac{1}{2}}\right)^2 dx = \int t^{-1} (1+t)^2 2t dt$$

$$\int x^{-\frac{1}{2}} \left(1 + x^{\frac{1}{2}}\right)^2 dx = 2 \int (1+t)^2 dt$$

Aplica un cambio de variable para resolver la integral $2\int (1+t)^2 dt$:

$$u = 1 + t$$
$$du = dt$$

$$2 \int (1+t)^2 dt = 2 \int u^2 du$$

$$2\int (1+t)^2\,dt = 2\frac{u^3}{3} + C$$

$$2\int (1+t)^2\,dt = 2\frac{(1+t)^3}{3} + C$$

Para culminar el ejercicio devuelves el cambio, es decir, colocas los valores de la variable (t):

$$\int x^{-\frac{1}{2}}\left(1+x^{\frac{1}{2}}\right)^2 dx = 2\frac{(1+t)^3}{3} + C$$

$$\int x^{-\frac{1}{2}}\left(1+x^{\frac{1}{2}}\right)^2 dx = 2\frac{\left(1+x^{\frac{1}{2}}\right)^3}{3} + C$$

$$\int x^{-\frac{1}{2}}\left(1+x^{\frac{1}{2}}\right)^2 dx = 2\frac{\left(1+\sqrt{x}\right)^3}{3} + C$$

Caso II:

$\frac{z+1}{m}$: es un número entero positivo, negativo ó puede ser cero (0).

Si la constante (n) del caso I, no es un número entero realizas esta operación $\frac{z+1}{m}$, y si te da un número entero aplicas la siguiente fórmula:

$$t^s = a + bx^m$$

Como (n) es una fracción, para este caso el valor de (s) será el denominador de la misma, es decir, $n = \frac{l}{s}$.

Ejemplo: Sea la integral $\int \frac{x^5}{\sqrt{1-x^3}}\,dx$

$$\int \frac{x^5}{\sqrt{1-x^3}}dx = \int x^5(1-x^3)^{-\frac{1}{2}}dx$$

Identificas los exponentes:

$$a = 1$$
$$b = -1$$
$$z = 5$$
$$m = 3$$
$$n = -\frac{1}{2}$$
$$s = 2$$

El valor de (n) no es un número entero entonces debes aplicar la fórmula $\frac{z+1}{m}$:

$$\frac{z+1}{m} = \frac{5+1}{3} = 2$$

Como la fórmula anterior te da como resultado un número entero ahora aplicas la siguiente fórmula que nos ayudará a realizar las sustituciones en la integral y para transformar la función a una forma elemental o lineal. Como ya sabemos el valor de la constante (s) que será el denominador del valor de la constante (n), entonces:

$$t^s = a + xb^m$$
$$t^2 = 1 - x^3$$
$$t = (1-x^3)^{\frac{1}{2}}$$
$$x^3 = 1 - t^2$$

$$x = (1-t^2)^{\frac{1}{3}}$$
$$dx = -\frac{2}{3}t(1-t^2)^{-\frac{2}{3}}dt$$

$$\int x^5(1-x^3)^{-\frac{1}{2}}dx = \int t^{-1}(1-t^2)^{\frac{5}{3}}\left(-\frac{2}{3}\right)t(1-t^2)^{-\frac{2}{3}}dt$$

$$\int x^5(1-x^3)^{-\frac{1}{2}}dx = \left(-\frac{2}{3}\right)\int (1-t^2)dt$$

$$\int x^5(1-x^3)^{-\frac{1}{2}}dx = \left(-\frac{2}{3}\right)\left(\int dt - \int t^2dt\right)$$

$$\int x^5(1-x^3)^{-\frac{1}{2}}dx = \left(-\frac{2}{3}\right)\left(t-\frac{t^3}{3}\right)+C$$

Devuelves los valores del cambio de variable y simplificas, siendo el resultado:

$$\int x^5(1-x^3)^{-\frac{1}{2}}dx = \left(-\frac{2}{3}\right)\left((1-x^3)^{\frac{1}{2}} - \frac{(1-x^3)^{\frac{3}{2}}}{3}\right)+C$$

$$\int x^5(1-x^3)^{-\frac{1}{2}}dx = \left(-\frac{2}{3}\right)\frac{(1-x^3)^{\frac{1}{2}}(3-(1-x^3))}{3}+C$$

$$\int x^5(1-x^3)^{-\frac{1}{2}}dx = \left(-\frac{2}{9}\right)\sqrt{(1-x^3)}(3-1+x^3)+C$$

$$\int x^5(1-x^3)^{-\frac{1}{2}}dx = \left(-\frac{2}{9}\right)\sqrt{(1-x^3)}(2+x^3)+C$$

1) $\frac{z+1}{m}+n$: es un número entero positivo, negativo ó puede ser cero (0).

Si la constante (n) no es un número entero realizas esta operación $\frac{z+1}{m}+n$, y si te da un número entero aplicas la siguiente fórmula:

$$t^s = ax^{-n}+b$$

Como (n) es una fracción, el valor de (s) será denominador de la misma, $n = \frac{l}{s}$.

Además se realiza una sustitución donde:

$$x = t^{\frac{1}{m}}$$

$$dx = \frac{1}{m} t^{\frac{1}{m}-1} dt$$

Analiza el siguiente ejercicio para que lo veas mejor:

Ejemplo: Sea la integral: $\int \dfrac{dx}{x^2(1+x^2)^{\frac{3}{2}}}$

Primero transformamos la integral de la siguiente manera para tener mejor visión de sus exponentes:

$$\int x^{-2}(1+x^2)^{-\frac{3}{2}} dx$$

Ahora consideramos los exponentes y variables como se expuso anteriormente, para transformar la integral a una forma elemental:

$$a = 1$$
$$b = 1$$
$$z = -2$$
$$m = 2$$
$$n = -\frac{3}{2}$$
$$s = 2$$

El valor de (n) no es un número entero entonces debes aplicar la fórmula $\frac{z+1}{m} + n$:

$$\frac{z+1}{m} + n = \frac{-2+1}{2} - \frac{3}{2} = -2$$

Ya puedes aplicar la fórmula que sigue, y como ya sabemos el valor de la constante (s) será el denominador del valor de la constante (n), entonces:

$$t^s = ax^{-m} + b$$
$$t^2 = x^{-2} + 1$$
$$t = \sqrt{x^{-2} + 1} = \sqrt{\frac{1}{x^2} + 1}$$
$$x^{-2} = t^2 - 1$$
$$\frac{1}{x^2} = t^2 - 1$$
$$x^2 = \frac{1}{t^2 - 1}$$

$$x = \frac{1}{\sqrt{t^2 - 1}} = (t^2 - 1)^{-\frac{1}{2}}$$
$$dx = -\frac{1}{2}(t^2 - 1)^{-\frac{3}{2}}(2t)dt = -\frac{t\,dt}{(t^2 - 1)^{\frac{3}{2}}}$$

$$\int x^{-2}(1 + x^2)^{-\frac{3}{2}}\,dx = \int (t^2 - 1)^{\left(-\frac{1}{2}\right)(-2)}\left(1 + \frac{1}{t^2 - 1}\right)^{-\frac{3}{2}}\left(-\frac{t}{(t^2 - 1)^{\frac{3}{2}}}\right)dt$$

$$\int x^{-2}(1 + x^2)^{-\frac{3}{2}}\,dx = -\int (t^2 - 1)\left(\frac{t^2 - 1 + 1}{t^2 - 1}\right)^{-\frac{3}{2}}\left(\frac{t}{(t^2 - 1)^{\frac{3}{2}}}\right)dt$$

$$\int x^{-2}(1 + x^2)^{-\frac{3}{2}}\,dx = -\int \left(\frac{t^2}{t^2 - 1}\right)^{-\frac{3}{2}}\left(\frac{t(t^2 - 1)}{(t^2 - 1)^{\frac{3}{2}}}\right)dt$$

$$\int x^{-2}(1 + x^2)^{-\frac{3}{2}}\,dx = -\int \frac{(t^2)^{-\frac{3}{2}}}{(t^2 - 1)^{-\frac{3}{2}}}\left(\frac{t}{(t^2 - 1)^{\frac{1}{2}}}\right)dt$$

$$\int x^{-2}(1 + x^2)^{-\frac{3}{2}}\,dx = -\int \frac{t^{-3}}{(t^2 - 1)^{-\frac{3}{2}}}\left(\frac{t}{(t^2 - 1)^{\frac{1}{2}}}\right)dt$$

$$\int x^{-2}(1+x^2)^{-\frac{3}{2}}\, dx = -\int \frac{t^{-3+1}}{(t^2-1)^{-\frac{3}{2}+\frac{1}{2}}}\, dt$$

$$\int x^{-2}(1+x^2)^{-\frac{3}{2}}\, dx = -\int \frac{t^{-2}}{(t^2-1)^{-1}}\, dt$$

$$\int x^{-2}(1+x^2)^{-\frac{3}{2}}\, dx = -\int t^{-2}(t^2-1)\, dt$$

$$\int x^{-2}(1+x^2)^{-\frac{3}{2}}\, dx = -\int (1-t^{-2})\, dt$$

$$\int x^{-2}(1+x^2)^{-\frac{3}{2}}\, dx = -\left(\int (dt) - \int t^{-2} dt\right)$$

$$\int x^{-2}(1+x^2)^{-\frac{3}{2}}\, dx = -\left(t - \left(\frac{t^{-1}}{-1}\right)\right) + C$$

$$\int x^{-2}(1+x^2)^{-\frac{3}{2}}\, dx = -(t+t^{-1}) + C$$

$$\int x^{-2}(1+x^2)^{-\frac{3}{2}}\, dx = -t - \frac{1}{t} + C$$

$$\int x^{-2}(1+x^2)^{-\frac{3}{2}}\, dx = \frac{-t^2-1}{t} + C$$

$$\int x^{-2}(1+x^2)^{-\frac{3}{2}}\, dx = -\frac{(t^2+1)}{t} + C$$

Nota:

$$(n), \left(\frac{z+1}{m}\right), \left(\frac{z+1}{m}+n\right)$$

Deben ser números enteros para que puedas transformar las integrales binomias a integrales elementales

Ahora sustituyes los valores de (t), es decir:

$$t^2 = x^{-2} + 1$$

$$t = \sqrt{\frac{1}{x^2} + 1}$$

$$\int x^{-2}(1+x^2)^{-\frac{3}{2}}\,dx = -\left(\frac{x^{-2}+1+1}{\sqrt{\frac{1}{x^2}+1}}\right) + C$$

$$\int x^{-2}(1+x^2)^{-\frac{3}{2}}\,dx = -\left(\frac{x^{-2}+2}{\sqrt{\frac{1}{x^2}+1}}\right) + C = -\left(\frac{\frac{1+2x^2}{x^2}}{\sqrt{\frac{1+x^2}{x^2}}}\right) + C$$

$$\int x^{-2}(1+x^2)^{-\frac{3}{2}}\,dx = -\left(\frac{\frac{1+2x^2}{x^2}}{\frac{\sqrt{1+x^2}}{\sqrt{x^2}}}\right) + C = -\left(\frac{\frac{1+2x^2}{x^2}}{\frac{\sqrt{1+x^2}}{x}}\right)$$

$$\int x^{-2}(1+x^2)^{-\frac{3}{2}}\,dx = -\left(\frac{x(1+2x^2)}{x^2(\sqrt{1+x^2})}\right) + C$$

$$\int x^{-2}(1+x^2)^{-\frac{3}{2}}\,dx = -\left(\frac{(1+2x^2)}{x(\sqrt{1+x^2})}\right) + C$$

$$\int x^{-2}(1+x^2)^{-\frac{3}{2}}\,dx = -\left(\frac{(1+2x^2)}{x}\right)(1+x^2)^{-\frac{1}{2}} + C$$

$$\int x^{-2}(1+x^2)^{-\frac{3}{2}}\,dx = -\left(\frac{1}{x}+2x\right)(1+x^2)^{-\frac{1}{2}} + C$$

5) Método de integración de funciones trigonométricas:
   • Método de integración de funciones trigonométricas:

Para las integrales de funciones trigonométricas se presentan varios casos, siendo importante el conocimiento de ciertas identidades trigonométricas:
Estudiemos los siguientes casos:

Caso 1: cuando n es un número entero impar y positivo.

- $\int Sen^n(x)dx = \int Sen^{n-1}(x)Sen(x)dx$.

Le restas una unidad a (n) y multiplicas la función por $Sen(x)$, el cual usaremos como diferencial cuando realicemos el cambio de variable.

Debes usar la siguiente sustitución:

$$Sen^2(x) = 1 - Cos^2(x)$$

Ejemplo:

$$\int Sen^3(x)dx = \int Sen^2(x)Sen(x)dx$$

Recuerda que $Sen^2(x)$, lo sustituyes en la integral como $(1 - Cos^2(x))$, y el otro $Sen(x)$ lo tomarás como el diferencial cuando realices el cambio de variable:

$$\int Sen^3(x)dx = \int \left(1 - Cos^2(x)\right)Sen(x)dx$$

Realizas un cambio de variable:

$$u = Cos(x)$$
$$du = -Sen(x)dx$$

Sustituyes el cambio de variable en la integral, multiplicas términos y separas integrales para resolverlas:

$$\int Sen^3(x)dx = -\int (1 - u^2)du$$
$$\int Sen^3(x)dx = -\int du + \int u^2 du$$
$$\int Sen^3(x)dx = -u + \frac{u^3}{3} + C$$

Resustituyes y obtenemos la respuesta:

$$\int Sen^3(x)dx = -\,Sen(x) + \frac{Sen^3(x)}{3} + C$$

- $\int Cos^n(x)dx = \int Cos^{n-1}(x)Cos(x)dx.$

Le restas una unidad a (n) y multiplicas por $Cos(x)$ para usarlo como diferencial cuando realicemos el cambio de variable.

Usarás la siguiente sustitución:

$$Cos^2(x) = 1 - Sen^2(x)$$

Ejemplo:

$$\int Cos^5(x)dx = \int Cos^{5-1}(x)Cos(x)dx$$
$$\int Cos^5(x)dx = \int Cos^4(x)Cos(x)dx = \int \left(Cos^2(x)\right)^2 Cos(x)dx$$

Recuerda que $Cos^2(x) = 1 - Sen^2(x)$, lo sustituyes en la integral, quedando un $\left(Cos(x)\right)$, que lo usarás para el diferencial cuando realices el cambio de variable en el siguiente paso:

$$\int Cos^5(x)dx = \int \left(1 - Sen^2(x)\right)^2 Cos(x)dx$$

Cambio de variable:

$$u = Sen(x)$$
$$du = Cos(x)dx$$

Sustituyes el cambio en la integral, desarrollas el producto, separas integrales y resuelves:

$$\int Cos^5(x)dx = \int (1-u^2)^2 du$$
$$\int Cos^5(x)dx = \int (1-2u^2+u^4)du$$
$$\int Cos^5(x)dx = \int du - 2\int u^2 du + \int u^4 du$$
$$\int Cos^5(x)dx = u - 2\frac{u^3}{3} + \frac{u^5}{5} + C$$

Resustituyes y obtenemos la respuesta:

$$\int Cos^5(x)dx = Sen(x) - 2\frac{Sen^3(x)}{3} + \frac{Sen^5(x)}{5} + C$$

Caso 2: (m) y (n) son números enteros positivos y al menos uno es impar.

- Si (m) es impar:

$$\int Sen^n(x)Cos^m(x)dx = \int Sen^n(x)Cos^{m-1}(x)Cos(x)dx$$

Le restas una unidad a (n), que es el número impar en este caso, y lo multiplicas por $Cos(x)$ para usarlo como diferencial cuando realicemos el cambio de variable, y el $Sen(x)$ lo dejas tal como está. Y haces una sustitución donde:

$$Cos^2(x) = 1 - Sen^2(x)$$

Ejemplo:

$$\int Sen^2(x)Cos^3(x)dx$$

$$= \int Sen^2(x)Cos^{3-1}(x)Cos(x)dx$$

$$\int Sen^2(x)Cos^3(x)dx$$

$$= \int Sen^2(x)Cos^2(x)Cos(x)dx$$

> **Nota:**
>
> Si (m) y (n) son impares usas las siguientes sustituciones:
>
> $$Sen^2(x) = \frac{1 - Cos(2x)}{2}$$
>
> $$Cos^2(x) = \frac{1 + Cos(2x)}{2}$$

Como te quedará un $Cos^2(x)$ lo sustituyes en la integral por:

$$\left(1 - Sen^2(x)\right)$$
$$\int Sen^2(x)Cos^3(x)dx = \int Sen^2(x)\left(1 - Sen^2(x)\right)Cos(x)dx$$

Ahora puedes realizar el cambio de variable:

$$u = Sen(x)$$
$$du = Cos(x)dx$$

Sustituyes:

> **Nota:**
>
> Recuerda que uno de los cometidos al restarle una unidad al exponente impar es realizar una sustitución a dicha identidad para lograr realizar el cambio de variable y nos hará posible darle respuesta a la integral.

$$\int Sen^2(x)Cos^3(x)dx = \int u^2(1 - u^2)du$$

Multiplicas términos, separas integrales y resuelves:

$$\int Sen^2(x)Cos^3(m)dx = \int (u^2 - u^4)du$$
$$\int Sen^2(x)Cos^3(m)dx = \int u^2 du - \int u^4 du$$
$$\int Sen^2(x)Cos^3(m)dx = \frac{u^3}{3} - \frac{u^5}{5} +$$

Resustituyes y obtenemos la respuesta:

$$\int Sen^2(x)Cos^3(m)dx = \frac{Sen^3(x)}{3} - \frac{Sen^5(x)}{5} + C$$

- Si (n) es impar:

$$\int Sen^n(x)Cos^m(m)dx = \int Sen^{n-1}(x)Cos^m(m)Sen(x)dx$$

Harás lo mismo que el ejemplo anterior, pero ahora le restas una unidad a (n) que es el número impar en este caso, y lo multiplicas por $Sen(x)$ para usarlo como diferencial cuando realicemos el cambio de variable, el $Cos(x)$ no se altera. Haces una sustitución donde:

$$Sen^2(x) = 1 - Cos^2(x)$$

Ejemplo:

$$\int Sen^3(x)Cos(x)dx = \int Sen^{3-1}(x)Cos(x)Sen(x)dx$$
$$\int Sen^3(x)Cos(x)dx = \int Sen^2(x)Cos(x)Sen(x)dx$$

Como ya tenemos un $Sen^2(x)$, lo que harás es sustituirlo en la integral por:

$$(1 - Cos^2(x))$$

$$\int Sen^3(x)Cos(x)dx = \int (1 - Cos^2(x))Cos(x)Sen(x)dx$$

Ahora ya puedes realizar el cambio de variable:

$$u = Cos(x)$$
$$du = -Sen(x)dx$$

Sustituyes, multiplicar términos, separas integrales y resuelves:

$$\int Sen^3(x)Cos(x)dx = -\int (1-u^2)udu$$
$$\int Sen^3(x)Cos(x)dx = -\int (u-u^3)du$$

$$\int Sen^3(x)Cos(x)dx = -\int udu + \int u^3du$$

$$\int Sen^3(x)Cos(x)dx = -\frac{u^2}{2} + \frac{u^4}{4} + C$$

Resustituyes y obtenemos la respuesta:

$$\int Sen^3(x)Cos(x)dx = -\frac{Cos^2(x)}{2} + \frac{Cos^4(x)}{4} + C$$

Caso 3: (m) y (n) son números enteros positivos y además son pares.

• Cuando la integral sea de la forma $\int Sen^n(x)dx$

Ejemplo: Sea la integral $\int Sen^2(x)dx$

Realizas esta sustitución, donde:

$$Sen^2(x) = \frac{1-Cos(2x)}{2}$$

Entonces la integral quedaría:

$$\int Sen^2(x)dx = \int \left(\frac{1-Cos(2x)}{2}\right)dx$$
$$\int Sen^2(x)dx = \frac{1}{2}\int (1-Cos(2x))\,dx$$

$$\int Sen^2(x)dx = \frac{1}{2}\int (dx) - \frac{1}{2}\int Cos(2x)dx$$

Se forman dos integrales:

$$I_1 = \frac{1}{2}\int (dx) = \frac{1}{2}x + C_1$$

$I_2 = -\frac{1}{2}\int Cos(2x)dx$. Aplicas un cambio de variable muy sencillo:

$$u = 2x$$
$$du = 2dx$$
$$\frac{du}{2} = dx$$

Sustituyes:

$$I_2 = -\frac{1}{2}\int Cos(2x)dx = -\frac{1}{2}\int Cos(u)\frac{du}{2}$$
$$I_2 = -\frac{1}{2}\int Cos(2x)dx = \left(-\frac{1}{2}\right)\left(\frac{1}{2}\right)\int Cos(u)du$$
$$I_2 = -\frac{1}{2}\int Cos(2x)dx = -\frac{1}{4}\int Cos(u)du$$

Nota:

$C = C_1 + C_2$

$$I_2 = -\frac{1}{2}\int Cos(2x)dx = -\frac{1}{4}(Sen(u) + C_2)$$

Resustituyes valores y obtienes la respuesta de I_2:

$$I_2 = -\frac{1}{2}\int Cos(2x)dx = -\frac{1}{4}(Sen(2x) + C_2)$$

Respuesta de la integral:

$$\int Sen^2(x)dx = I_1 + I_2$$

$$\int Sen^2(x)dx = \frac{1}{2}x - \frac{1}{4}(Sen(2x) + C$$

- Cuando la integral sea de la forma $\int Cos^n(x)dx$

Ejemplo: Sea la integral $\int Cos^2(x)dx$

Realizas esta sustitución:

$$Cos^2(x) = \frac{1 + Cos(2x)}{2}$$

Entonces:

$$\int Cos^2(x)dx = \int \left(\frac{1 + Cos(2x)}{2}\right)dx$$
$$\int Cos^2(x)dx = \frac{1}{2}\int (1 + Cos(2x))\, dx$$
$$\int Cos^2(x)dx = \frac{1}{2}\int dx + \frac{1}{2}\int Cos(2x)dx$$

Se forman dos integrales:

$$I_1 = \frac{1}{2}\int (dx) = \frac{1}{2}x + C_1$$

$I_2 = \frac{1}{2}\int Cos(2x)dx$. Aplicas un cambio de variable muy sencillo:

$$u = 2x$$
$$du = 2dx$$
$$\frac{du}{2} = dx$$

Sustituyes:

$$I_2 = \frac{1}{2}\int Cos(2x)dx = \frac{1}{2}\int Cos(u)\frac{du}{2}$$
$$I_2 = \frac{1}{2}\int Cos(2x)dx = \left(\frac{1}{2}\right)\left(\frac{1}{2}\right)\int Cos(u)du$$
$$I_2 = \frac{1}{2}\int Cos(2x)dx = \frac{1}{4}\int Cos(u)du$$

$$I_2 = \frac{1}{2} \int Cos(2x)dx = \frac{1}{4}(Sen(u) + C_2$$

Resustituyes valores y obtienes la respuesta de I_2:

$$I_2 = \frac{1}{2} \int Cos(2x)dx = \frac{1}{4}(Sen(2x) + C_2$$

Respuesta de la integral:

$$\int Cos^2(x)dx = I_1 + I_2$$

$$\int Cos^2(x)dx = \frac{1}{2}\int (dx) = \frac{1}{2}x + \frac{1}{4}(Sen(2x) + C$$

- Cuando la integral sea de la forma $\int Sen^n(x)Cos^m(m)dx$

Recuerda que (n) y (m) son números enteros positivos y además son pares. Usarás las siguientes sustituciones:

$$Sen^2(x) = \frac{1 - Cos(2x)}{2}$$
$$Cos^2(x) = \frac{1 + Cos(2x)}{2}$$

Ejemplo:

$$\int Sen^2(x)Cos^2(m)dx = \int \left(\frac{1 - Cos(2x)}{2}\right)\left(\frac{1 + Cos(2x)}{2}\right)dx$$
$$\int Sen^2(x)Cos^2(m)dx = \frac{1}{4}\int (1 - Cos(2x))(1 + Cos(2x))dx$$

Multiplica términos y separas integrales para comenzar a resolverlas:

$$\int Sen^2(x)Cos^2(m)dx = \frac{1}{4}\int \left(1 + Cos(2x) - Cos(2x) - Cos^2(2x)\right)dx$$

$$\int Sen^2(x)Cos^2(m)dx = \frac{1}{4}\int \left(1 - Cos^2(2x)\right)dx$$

$$\int Sen^2(x)Cos^2(m)dx = \frac{1}{4}\int dx - \frac{1}{4}\int Cos^2(2x)dx$$

Se formaron dos integrales:

$$I_1 = \frac{1}{4}\int (dx) = \frac{1}{4}x + C$$

$I_2 = -\frac{1}{4}\int Cos^2(2x)dx$. Primero realizas un cambio de variable sencillo, donde:

$$u = 2x$$
$$du = 2dx$$
$$\frac{du}{2} = dx$$
$$I_2 = -\frac{1}{4}\int Cos^2(2x)dx = -\frac{1}{4}\int Cos^2(u)\frac{du}{2}$$

$$I_2 = -\frac{1}{4}\int Cos^2(2x)dx = -\left(\frac{1}{4}\right)\left(\frac{1}{2}\right)\int Cos^2(u)\,du$$

$$I_2 = -\frac{1}{4}\int Cos^2(2x)dx = -\frac{1}{8}\int Cos^2(u)\,du$$

Una vez realizado el cambio de variable se procede a sustituir lo siguiente:

$$Cos^2(u) = \frac{1 + Cos(2u)}{2}$$

Ahora sustituyes:

$$I_2 = -\frac{1}{4}\int Cos^2(2x)dx = -\frac{1}{8}\int \left(\frac{1+Cos(2u)}{2}\right)du$$

$$I_2 = -\frac{1}{4}\int Cos^2(2x)dx = -\left(\frac{1}{8}\right)\left(\frac{1}{2}\right)\int (1+Cos(2u))\,du$$

$$I_2 = -\frac{1}{4}\int Cos^2(2x)dx = -\frac{1}{16}\int (1+Cos(2u))\,du$$

$$I_2 = -\frac{1}{4}\int Cos^2(2x)dx = -\frac{1}{16}\int du - \frac{1}{16}\int Cos(2u)du$$

Aquí se forman otras dos integrales que llamaremos:

$I_3 = -\frac{1}{16}\int du = -\frac{1}{16}u + C$. Devuelves el cambio:

$u = 2x$

$$I_3 = -\frac{1}{16}\int du = -\frac{x}{8} + C$$

$I_4 = -\frac{1}{16}\int Cos(2u)du$. Realizas un cambio de variable para esta integral, transformándose en una integral inmediata.

Llamaremos a la nueva variable (t) para diferenciarla de los otros cambios de variables y evitar confundirse:

$$t = 2u$$
$$dt = 2du$$
$$\frac{dt}{2} = du$$

Sustituyes:

$$I_4 = -\frac{1}{16}\int Cos(2u)du = -\frac{1}{16}\int Cos(t)\frac{dt}{2}$$

$$I_4 = -\frac{1}{16}\int Cos(2u)du = -\left(\frac{1}{16}\right)\left(\frac{1}{2}\right)\int Cos(t)dt$$

$$I_4 = -\frac{1}{16}\int Cos(2u)du = -\frac{1}{32}\int Cos(t)dt$$
$$I_4 = -\frac{1}{16}\int Cos(2u)du = -\frac{1}{32}Sen(t) + C$$

Devuelves el cambio para la variable (t):

$$I_4 = -\frac{1}{16}\int Cos(2u)du = -\frac{1}{32}Sen(2u) + C$$

Donde $(u = 2x)$, entonces la respuesta para la I_4 es:

$$I_4 = -\frac{1}{16}\int Cos(2u)du = -\frac{1}{32}Sen(2(2x)) + C$$

$$I_4 = -\frac{1}{16}\int Cos(2u)du = -\frac{1}{32}Sen(4x) + C$$

Ahora el resultado de la integral I_2 es el siguiente:

$$I_2 = I_3 + I_4$$
$$I_2 = -\frac{1}{4}\int Cos^2(2x)dx = -\frac{1}{8}x - \frac{1}{32}Sen(4x) + C$$

Finalmente el resultado de la integral es:

$$\int Sen^2(x)Cos^2(x)dx = I_1 + I_2$$
$$\int Sen^2(x)Cos^2(x)dx = \frac{1}{4}x - \frac{1}{8}x - \frac{1}{32}Sen(4x) + C$$

$$\int Sen^2(x)Cos^2(x)dx = \frac{1}{8}x - \frac{1}{32}Sen(4x) + C$$

Caso 4: (n) es un número entero positivo.

- $\int Tg^n(x) = \int Tg^{n-2}(x)Tg^2(x)$. en este tipo de integrales haces una sustitución, donde:

$$Tg^2(x) = Sec^2(x) - 1$$

Ejemplo:

$$\int Tg^3(x) = \int Tg^{3-2}(x)Tg^2(x)dx$$
$$\int Tg^3(x) = \int Tg(x)Tg^2(x)dx$$

Luego sustituyes $Tg^2(x)$ por $(Sec^2(x)-1)$, multiplicas términos y separas integrales:

$$\int Tg^3(x) = \int Tg(x)(Sec^2(x)-1),dx$$
$$\int Tg^3(x) = \int Tg(x)Sec^2(x)dx - \int Tg(x)dx$$

Al separarlas se forman dos integrales:

$I_1 = \int Tg(x)Sec^2(x)dx$. Esta integral se resuelve por medio de un cambio de variable:

$$u = Sec(x)$$
$$du = Sec(x)Tg(x)dx$$
$$I_1 = \int Tg(x)Sec^2(x)dx = \int Sec(x)Sec(x)Tg(x)dx$$

Sustituyes el cambio de variable y resuelves la integral:

$$I_1 = \int Tg(x)Sec^2(x)dx = \int u\,du$$
$$I_1 = \int Tg(x)Sec^2(x)dx = \frac{u^2}{2} + C$$

Resustituyes valores y obtienes la respuesta de la integral I_1:

$$I_1 = \int Tg(x)Sec^2(x)dx = \frac{Sec^2(x)}{2} + C$$

$$I_2 = -\int Tg(x)dx = -Ln|Sec(x)| + C.$$

Entonces:

$$\int Tg^3(x)dx = I_1 + I_2$$

$$\int Tg^3(x)dx = \frac{Sec^2(x)}{2} - Ln|Sec(x)| + C$$

- $\int Ctg^n(x)dx = \int Ctg^{n-2}(x)Ctg^2(x)dx$. Haces una sustitución, donde:

$$Ctg^2(x) = Csc^2(x) - 1$$

Ejemplo:

$$\int Ctg^3(x)dx = \int Ctg^{3-2}(x)Ctg^2(x)dx.$$
$$\int Ctg^3(x)dx = \int Ctg(x)Ctg^2(x)dx.$$

Ahora sustituyes en la integral $Ctg^2(x)$ por $(Csc^2(x) - 1)$, multiplicas términos y separas integrales:

$$\int Ctg^3(x)dx = \int Ctg(x)(Csc^2(x) - 1)dx.$$

$$\int Ctg^3(x)dx = \int Ctg(x)Csc^2(x)dx - \int Ctg(x)\,dx.$$

Se formaron dos integrales:

$I_1 = \int Ctg(x)Csc^2(x)dx$. Para resolver esta integral debes efectuar un cambio de variable:

$$u = Ctg(x)$$
$$du = -Csc^2(x)dx$$

Sustituyes el cambio de variable en la integral:

$$I_1 = \int Ctg(x)Csc^2(x)dx = -\int u\,du$$
$$I_1 = \int Ctg(x)Csc^2(x)dx = -\frac{u^2}{2} + C$$

Devuelves el cambio, siendo el resultado para I_1:

$$I_1 = \int Ctg(x)Csc^2(x)dx = -\frac{Ctg^2(x)}{2} + C$$

Resolvemos la integral que llamaremos I_2:

$$I_2 = -\int Ctg(x)\,dx = -Ln|Sen(x)| + C$$

Entonces el resultado de la integral $\int Ctg^3(x)dx$ es:

$$\int Ctg^3(x)dx = I_1 + I_2$$

$$\int Ctg^3(x)dx = -\frac{Ctg^2(x)}{2} - Ln|Sen(x)| + C$$

Caso 5: (n) es un número entero positivo y es par.

- $\int Sec^n(x)dx = \int Sec^{n-2}(x)\big(Sec^2(x)\big)dx$

Harás una sustitución donde:

$$Sec^2(x) = Tg^2(x) + 1$$

Ejemplo: Sea la integral $\int Sec^4(x)\,dx$

$$\int Sec^4(x)\,dx = \int Sec^{4-2}(x)Sec^2(x)dx$$
$$\int Sec^4(x)\,dx = \int Sec^2(x)Sec^2(x)dx$$

Luego sustituyes un $\left(Sec^2(x)\right)$ por $(Tg^2(x)+1)$, el otro $\left(Sec^2(x)\right)$ que queda lo dejas para usarlo como diferencial cuando realices el cambio de variable:

$$\int Sec^4(x)\,dx = \int (Tg^2(x) + 1)(x)Sec^2(x)dx$$

No será necesario separarlas por ahora, ya que aplicando un cambio de variable quedaría del siguiente modo:

$$u = Tg(x)$$
$$du = Sec^2(x)dx$$

Sustituyes y separas integrales:

$$\int Sec^4(x)\,dx = \int (u^2 + 1)du$$
$$\int Sec^4(x)\,dx = \int u^2 du + \int du$$
$$\int Sec^4(x)\,dx = \frac{u^3}{3} + u + C$$

305

Devuelves el cambio, siendo la respuesta a la integral:

$$\int Sec^4(x)\,dx = \frac{Tg^3(x)}{3} + Tg(x) + C$$

- $\int Csc^n(x)dx = \int Csc^{n-2}(x)Csc^n(x)dx$

Realizas una sustitución donde:

$$Csc^2(x) = Ctg^2(x) + 1$$

Ejemplo: Sea la integral $\int Csc^4(x)\,dx$

$$\int Csc^4(x)\,dx = \int Csc^{4-2}(x)Csc^2(x)dx$$
$$\int Csc^4(x)\,dx = \int Csc^2(x)Csc^2(x)dx$$

Ahora sustituyes en la integral un $\left(Csc^2(x)\right)$ por $(Ctg^2(x)+1)$ y realizas un cambio de variable:

$$\int Csc^4(x)\,dx = \int Csc^2(x)(Ctg^2(x)+1)dx$$

$$u = Ctg(x)$$
$$du = -Csc^2(x)dx$$

Sustituyes el cambio en la integral:

$$\int Csc^4(x)\,dx = -\int (u^2 + 1)du$$

Separas integrales y resuelves:

$$\int Csc^4(x)\,dx = -\int u^2 du - \int du$$
$$\int Csc^4(x)\,dx = -\frac{u^3}{3} - u + C$$

Devuelves el cambio y obtienes la respuesta:

$$\int Csc^4(x)\,dx = -\frac{Ctg^3(x)}{3} - Ctg(x) + C$$

Caso 6: Donde (m) es un número positivo y es par.

- $\int Tg^n(x)Sec^m(x)dx = \int Tg^n(x)Sec^{m-2}(x)Sec^2(x)dx$

Haces una sustitución donde:

$$Sec^2(x) = Tg^2(x) + 1$$

Ejemplo: Sea la integral $\int Tg(x)Sec^4(x)dx$

$$\int Tg(x)Sec^4(x)dx = \int Tg(x)Sec^{4-2}(x)Sec^2(x)dx$$
$$\int Tg(x)Sec^4(x)dx = \int Tg(x)Sec^2(x)Sec^2(x)dx$$

Ahora sustituyes un $(Sec^2(x))$ por $(Tg^2(x)+1)$. El otro $(Sec^2(x))$ lo dejamos tal cual, para usarlo como diferencial cuando se realice el cambio de variable:

$$\int Tg(x)Sec^4(x)dx = \int Tg(x)(Tg^2(x)+1)Sec^2(x)dx$$
$$u = Tg(x)$$
$$du = Sec^2(x)dx$$

Sustituyes el cambio de variable, multiplicas términos, separas integrales y resuelves:

$$\int Tg(x)Sec^4(x)dx = \int u(u^2+1)du$$

$$\int Tg(x)Sec^4(x)dx = \int u^3 du + \int u du$$

$$\int Tg(x)Sec^4(x)dx = \frac{u^4}{4} + \frac{u^2}{2} + C$$

Devuelves el cambio y obtienes la respuesta:

$$\int Tg(x)Sec^4(x)dx = \frac{Tg^4(x)}{4} + \frac{Tg^2(x)}{2} + C$$

- $\int Ctg^n(x)Csc^m(x)dx = \int Ctg^n(x)Csc^{m-2}(x)Csc^2(x)dx$

Se usa una sustitución donde:

$$Csc^2(x) = Ctg^2(x) + 1$$

Ejemplo: Sea la integral $\int Ctg(x)Csc^4(x)\,dx$

$$\int Ctg(x)Csc^4(x)\,dx = \int Ctg(x)Csc^{4-2}(x)Csc^2(x)\,dx$$
$$\int Ctg(x)Csc^4(x)\,dx = \int Ctg(x)Csc^2(x)Csc^2(x)\,dx$$

Ahora sustituyes por un $Csc^2(x)$ por $(Ctg^2(x)+1)$, el otro $Csc(x)$ lo dejas tal cual para usarlo como diferencial cuando realicemos el cambio de variable:

$$\int Ctg(x)Csc^4(x)\,dx = \int Ctg(x)(Ctg^2(x)+1)\,Csc^2(x)\,dx$$

Cambio de variable:

$$u = Ctg(x)$$
$$du = -Csc^2(x)dx$$

Sustituyes, multiplicas términos, separas integrales y resuelves:

$$\int Ctg(x)Csc^4(x)\,dx = -\int u(u^2+1)\,du$$

$$\int Ctg(x)Csc^4(x)\,dx = -\int (u^3+u)\,du$$

$$\int Ctg(x)Csc^4(x)\,dx = -\int u^3\,du - \int u\,du$$

$$\int Ctg(x)Csc^4(x)\,dx = -\frac{u^4}{4} - \frac{u^2}{2} + C$$

Devuelves el cambio y obtienes la respuesta de la integral:

$$\int Ctg(x)Csc^4(x)\,dx = -\frac{Ctg^4(x)}{4} - \frac{Ctg^2(x)}{2} + C$$

Caso 7: (m) y (n) es un número entero positivo y es impar.

- $\int Tg^n(x)Sec^m(x)dx = \int Tg^{n-1}(x)Sec^{m-1}(x)Sec(x)Tg(x)dx$

Sustituyes:

$$Tg^2(x) = Sec^2(x) - 1$$

Ejemplo: Sea la integral $\int Tg^3(x)Sec^5(x)dx$

$$\int Tg^3(x)Sec^5(x)dx = \int Tg^{3-1}(x)Sec^{5-1}(x)Sec(x)Tg(x)dx$$

$$\int Tg^3(x)Sec^5(x)dx = \int Tg^2(x)Sec^4(x)Sec(x)Tg(x)dx$$

Ahora sustituyes $\left(Tg^2(x)\right)$ por $(Sec^2(x) - 1)$:

$$\int Tg^3(x)Sec^5(x)dx = \int (Sec^2(x) - 1)\, Sec^4(x)Sec(x)Tg(x)dx$$

Realizas un cambio de variable:

$$u = Sec(x)$$
$$du = Sec(x)Tg(x)dx$$

Sustituyes el cambio, multiplicas términos, separas integrales y resuelves:

$$\int Tg^3(x)Sec^5(x)dx = \int (u^2 - 1)\, u^4 du$$

$$\int Tg^3(x)Sec^5(x)dx = \int (u^6 - u^4)\, du$$

$$\int Tg^3(x)Sec^5(x)dx = \int u^6 du - \int u^4 \, du$$

$$\int Tg^3(x)Sec^5(x)dx = \frac{u^7}{7} - \frac{u^5}{5} + C$$

Devuelves el cambio y obtenemos la respuesta a la integral:

$$\int Tg^3(x)Sec^5(x)dx = \frac{Sec^7(x)}{7} - \frac{Sec^5(x)}{5} + C$$

- $\int Ctg^n(x)Csc^m(x)dx = \int Ctg^{n-1}(x)Csc^{m-1}(x)Csc(x)Ctg(x)dx$

Debes realizar una sustitución donde:

$$Ctg^2(x) = Csc^2(x) - 1$$

Ejemplo: Sea la integral $\int Ctg^3(x)Csc^3(x)dx$

$$\int Ctg^3(x)Csc^3(x)dx = \int Ctg^{3-1}(x)Csc^{3-1}(x)Csc(x)Ctg(x)dx$$
$$\int Ctg^3Csc^3(x)dx = \int Ctg^2(x)Csc^2(x)Csc(x)Ctg(x)dx$$

Sustituyes $\left(Ctg^2(x)\right)$ por $\left(Csc^2(x) - 1\right)$:

$$\int Ctg^3Csc^3(x)dx = \int (Csc^2(x) - 1)Csc^2(x)Csc(x)Ctg(x)dx$$

Cambio de variable:

$$u = Csc(x)$$
$$du = -Csc(x)Ctg(x)dx$$

Sustituyes el cambio de variable en la integral, multiplicas términos, separas integrales y resuelves:

$$\int Ctg^3Csc^3(x)dx = -\int (u^2 - 1)u^2 du$$
$$\int Ctg^3Csc^3(x)dx = -\int (u^4 - u^2)du$$
$$\int Ctg^3Csc^3(x)dx = -\int u^4 du + \int u^2 du$$
$$\int Ctg^3Csc^3(x)dx = -\frac{u^5}{5} + \frac{u^3}{3} + C$$

Devuelves el cambio y obtienes la respuesta de la integral:

$$\int Ctg^3Csc^3(x)dx = -\frac{Csc^5(x)}{5} + \frac{Csc^3(x)}{3} + C$$

Caso 8: (n) es un número entero positivo y además es impar.

Este tipo de integrales se resuelven aplicando el método de integración por partes, y para esto les coloque cómo deben tomar (u) y (v) para cada caso y así las puedan resolver más rápido.

Para la solución de estas integrales debes aplicar el método de integración por partes considerando lo siguiente:

- $u = Sec^{n-2}(x), \; dv = Sec^2(x)$

También debes aplicar esta sustitución:

$$Tg^2(x) = Sec^2(x) - 1$$

Ejemplo: Sea la integral $\int Sec^3(x)dx$

$$\int Sec^3(x)dx = \int Sec^{3-2}(x)Sec^2(x)dx$$
$$\int Sec^3(x)dx = \int Sec(x)Sec^2(x)dx$$

Entonces aplicas la fórmula de integración por partes:

$$\int udv = uv - \int vdu$$

Ahora haremos una sustitución, donde:

$$u = Sec(x)$$
$$du = Sec(x)Tg(x)dx$$
$$\int dv = \int Sec^2(x)dx$$
$$v = Tg(x)$$

$$\int Sec^3(x)dx = Sec(x)Tg(x) - \int Tg(x)\, Sec(x)Tg(x)dx$$

$$\int Sec^3(x)dx = Sec(x)Tg(x) - \int Tg^2(x)\,Sec(x)dx$$

Entonces sustituyes $\left(Tg^2(x)\right)$ por $(Sec^2(x)-1)$, multiplicas términos, separas integrales y resuelves:

$$\int Sec^3(x)dx = Sec(x)Tg(x) - \int (Sec^2(x)-1)Sec(x)\,dx$$

$$\int Sec^3(x)dx = Sec(x)Tg(x) - \int Sec^3(x)dx + \int Sec(x)\,dx$$

Como puedes notar, al separar las integrales se forman dos, de las cuales una se resuelve por medio de integración inmediata y la otra es igual a la integral del lado izquierdo de la igualdad, por lo tanto la pasaremos a sumar al lado izquierdo junto con $\int Sec^3(x)dx$ ya que son iguales:

$$\int Sec^3(x)dx + \int Sec^3(x)dx$$
$$= Sec(x)Tg(x) + Ln|Sec(x)+Tg(x)| + C$$
$$2\int Sec^3(x)dx = Sec(x)Tg(x) + Ln|Sec(x)+Tg(x)| + C$$

Luego debes despejar el (2) que le está multiplicando a la $\int Sec^3(x)dx$ del lado izquierdo de la igualdad y lo pasas a dividir al lado derecho, quedando como resultado de la integral:

$$\int Sec^3(x)dx = \frac{Sec(x)Tg(x)}{2} + \frac{Ln|Sec(x)+Tg(x)|}{2} + C$$

- $u = Csc^{n-2}(x),\ dv = Csc^2(x)$

Sustituyes la siguiente identidad:

$$Ctg^2(x) = Csc^2(x) - 1$$

Ejemplo: Sea la integral $\int Csc^3(x)$

$$\int Csc^3(x) = \int Csc^{3-1}(x)Csc^2(x)dx$$

$$\int Csc^3(x) = \int Csc(x)Csc^2(x)dx$$

Entonces aplicas la fórmula de integración por partes:

$$\int udv = uv - \int vdu$$

Haremos una sustitución, donde:

$$u = Csc^{3-2}(x) = Csc(x)$$
$$du = -Csc(x)Ctg(x)dx$$
$$\int dv = \int Csc^2(x)dx$$
$$v = -Ctg(x)$$

Entonces sustituyes $(Ctg(x))$ por $(Csc^2(x)-1)$, multiplicas términos, separas integrales y resuelves:

$$\int Csc^3(x) = -Csc(x)Ctg(x) - \int(-Ctg(x))\,(-Csc(x)Ctg(x))dx$$

$$\int Csc^3(x) = -Csc(x)Ctg(x) - \int Ctg(x)Csc(x)Ctg(x)\,dx$$

$$\int Csc^3(x) = -Csc(x)Ctg(x) - \int Ctg^2(x)Csc(x)\,dx$$

$$\int Csc^3(x) = -Csc(x)Ctg(x) - \int(Csc^2(x)-1)Csc(x)\,dx$$

$$\int Csc^3(x) = -Csc(x)Ctg(x) - \int Csc^3(x)\,dx + \int Csc(x)dx$$

Al igual que el ejemplo anterior, al separar las integrales se forman dos, de las cuales una se resuelve por medio de integración inmediata y la otra es igual a la integral del lado izquierdo de la igualdad, por lo tanto la pasaremos a sumar al lado izquierdo ya que son iguales:

$$\int Csc^3(x)\,dx + \int Csc^3(x) = -Csc(x)Ctg(x) + \int Csc(x)dx$$

$$2\int Csc^3(x) = -Csc(x)Ctg(x) + Ln|Csc(x) - Ctg(x)| + C$$

Una vez resueltas las integrales debes despejar el (2) que le está multiplicando a la $\int Csc^3(x)$ del lado izquierdo de la igualdad y lo pasas a dividir, quedando como resultado de la integral:

$$\int Csc^3(x) = \frac{-Csc(x)Ctg(x)}{2} + \frac{Ln|Csc(x) - Ctg(x)|}{2} + C$$

Caso 9: (n) Es un número entero positivo y es par.
(m) Es un número positivo y es impar.

- $\int Tg^n(x)Sec^m(x)dx = \int (Tg^2)^{\frac{n}{2}}(x)Sec^m(x)dx$

Debes realizar la siguiente sustitución:

$$Tg^2 = Sec^2(x) - 1$$

Ejemplo: Sea la integral $\int Tg^2(x)Sec^3(x)dx$

$$\int Tg^2(x)Sec^3(x)dx = \int (Tg^2)^{\frac{2}{2}}(x)Sec^3(x)dx$$

$$\int Tg^2(x)Sec^3(x)dx = \int Tg^2(x)Sec^3(x)dx$$

Ahora sustituyes $Tg^2(x)$ por $(Sec^2(x) - 1)$ en la integral, multiplicas términos, separas integrales y resuelves:

$$\int Tg^2(x)Sec^3(x)dx = \int (Sec^2(x) - 1)Sec^3(x)dx$$
$$\int Tg^2(x)Sec^3(x)dx = \int (Sec^2(x) - 1)Sec^3(x)dx$$
$$\int Tg^2(x)Sec^3(x)dx = \int Sec^5(x)dx - \int Sec^3(x)dx$$

Al separarlas podemos notar que se formaron dos integrales y que además según como lo indica el (caso 8), este tipo de integrales se resuelven por el método de integración por partes.

A la integral $\int Sec^5(x)dx$ la llamaremos I_1. El procedimiento para resolverla sería:

$$I_1 = \int Sec^5(x)dx = \int Sec^{5-2}(x)Sec^2(x)dx$$
$$I_1 = \int Sec^5(x)dx = \int Sec^3(x)Sec^2(x)dx$$

Luego aplicas la fórmula de integración por partes:

$$\int udv = uv - \int vdu$$

Ahora haremos una sustitución, donde:

$$u = Sec^3(x)$$
$$du = 3Sec^2(x)Sec(x)Tg(x)dx$$
$$\int dv = \int Sec^2(x)dx$$
$$v = Tg(x)$$

Ahora haremos una sustitución, donde:

$$I_1 = \int Sec^5(x)dx = Sec^3(x)Tg(x) - \int Tg(x)\, 3Sec^2(x)Sec(x)Tg(x)dx$$
$$I_1 = \int Sec^5(x)dx = Sec^3(x)Tg(x) - 3\int Tg^2(x)\, Sec^3(x)dx$$

Entonces sustituyes $(Tg^2(x))$ por $(Sec^2(x) - 1)$, multiplicas términos, separas integrales y resuelves:

$$I_1 = \int Sec^5(x)dx = Sec^3(x)Tg(x) - 3\int (Sec^2(x) - 1)\, Sec^3(x)dx$$

$$I_1 = \int Sec^5(x)dx = Sec^3(x)Tg(x) - 3\int (Sec^5(x) - Sec^3(x))dx$$

$$I_1 = \int Sec^5(x)dx = Sec^3(x)Tg(x) - 3\int Sec^5(x)dx + 3\int Sec^3(x)dx$$

Al separar las integrales se forman dos, una de ellas es igual a la integral del lado izquierdo de la igualdad, por lo tanto la pasaremos a sumar al lado izquierdo junto con la $\int Sec^5(x)dx$ ya que son iguales. Luego el coeficiente que acompaña a la integral que es (4) lo pasas a dividir al lado derecho de la igualdad:

$$I_1 = 3\int Sec^5(x)dx + \int Sec^5(x)dx = Sec^3(x)Tg(x) + 3\int Sec^3(x)dx$$

$$I_1 = 4\int Sec^5(x)dx = Sec^3(x)Tg(x) + 3\int Sec^3(x)dx$$

$$I_1 = \int Sec^5(x)dx = \frac{Sec^3(x)Tg(x)}{4} + \frac{3}{4}\int Sec^3(x)dx$$

Dentro del resultado nos queda por resolver otra integral para completar la respuesta de I_1. Se trata de la integral $\frac{3}{4}\int Sec^3(x)dx$ que la llamaremos I_2.

La integral $\int Sec^3(x)dx$ se resolvió en el (caso 8), sólo tendrías que multiplicar su resultado por $\left(\frac{3}{4}\right)$, siendo el resultado para la integral:

$$I_{2=}\frac{3}{4}\int Sec^3(x)dx = \frac{3}{4}\left(\frac{Sec(x)Tg(x)}{2} + \frac{Ln|Sec(x)+Tg(x)|}{2} + C\right)$$

El resultado de la integral I_1 es:

$$I_1 = \frac{Sec^3(x)Tg(x)}{4} + I_2$$

$$I_1 = \frac{Sec^3(x)Tg(x)}{4} + \frac{3}{4}\left(\frac{Sec(x)Tg(x)}{2} + \frac{Ln|Sec(x)+Tg(x)|}{2} + C\right)$$

Ahora falta por hallar el resultado de la integral que la llamaremos I_3, para completar la respuesta de la integral:

$$I_3 = -\int Sec^3(x)dx = -\left(\frac{Sec(x)Tg(x)}{2} + \frac{Ln|Sec(x)+Tg(x)|}{2} + C\right)$$

En definitiva, el resultado a la integral es:

$$\int Tg^2(x)Sec^3(x)dx = I_1 + I_3$$

$$\int Tg^2(x)Sec^3(x)dx$$

$$= \frac{Sec^3(x)Tg(x)}{4}$$

$$+ \frac{3}{4}\left(\frac{Sec(x)Tg(x)}{2} + \frac{Ln|Sec(x)+Tg(x)|}{2}\right)$$

$$- \left(\frac{Sec(x)Tg(x)}{2} + \frac{Ln|Sec(x)+Tg(x)|}{2}\right) + C$$

$$\int Tg^2(x)Sec^3(x)dx = \frac{Sec^3(x)Tg(x)}{4} - \frac{Sec(x)Tg(x)}{8} - \frac{Ln|Sec(x)+Tg(x)|}{8} + C$$

- $\int Ctg^n(x)Csc^m(x)dx = \int (Ctg^2)^{\frac{n}{2}}(x)Csc^m(x)dx$

Usarás esta sustitución, donde:

$$Ctg^2(x) = Csc^2(x) - 1$$

Ejemplo: Sea la integral $\int Ctg^2(x)Csc^3(x)dx$

$$\int Ctg^2(x)Csc^3(x)dx = \int (Ctg^2)^{\frac{2}{2}}(x)Csc^3(x)dx$$

$$\int Ctg^2(x)Csc^3(x)dx = \int Ctg^2(x)Csc^3(x)dx$$

Sustituyes en la integral $(Ctg^2(x))$ por $(Csc^2(x) - 1)$:

$$\int Ctg^2(x)Csc^3(x)dx = \int (Csc^2(x) - 1)Csc^3(x)dx$$

Multiplicas términos y separas integrales:

$$\int Ctg^2(x)Csc^3(x)dx = \int Csc^5(x)dx - \int Csc^3(x)dx$$

Se formaron dos integrales que se resuelven según como lo indica el (caso 8), donde se aplica integración por partes. La integral $\int Csc^5(x)dx$ la llamaremos I_1. Resolvamos esta integral:

$$I_1 = \int Csc^5(x)dx = \int Csc^{5-2}(x)Csc^2(x)dx = \int Csc^3(x)Csc^2(x)dx =$$

Aplicas la fórmula de integración por partes sustituyendo los valores:

$$\int u\,dv = uv - \int v\,du$$

Ahora haremos una sustitución, donde:

$$u = Csc^3(x)$$
$$du = -3Csc^2(x)Csc(x)Ctg(x)dx = -3Csc^3(x)Ctg(x)dx$$
$$\int dv = \int Csc^2(x)dx$$
$$v = -Ctg(x)$$

$$I_1 = \int Csc^5(x)dx = -Csc^3(x)Ctg(x) - \int (-Ctg(x))(-3Csc^3(x)Ctg(x))dx$$

$$I_1 = \int Csc^5(x)dx = -Csc^3(x)Ctg(x) - 3\int Ctg^2(x)Csc^3(x)dx$$

Ahora sustituimos en la integral $\left(Ctg^2(x)\right)$ por $(Csc^2(x) - 1)$, multiplicas términos, separas integrales y resuelves:

$$I_1 = \int Csc^5(x)dx = -Csc^3(x)Ctg(x) - 3\int (Csc^2(x) - 1)Csc^3(x)dx$$

$$I_1 = \int Csc^5(x)dx = -Csc^3(x)Ctg(x) - 3\int \left(Csc^5(x) - Csc^3(x)\right)dx$$

$$I_1 = \int Csc^5(x)dx = -Csc^3(x)Ctg(x) - 3\int Csc^5(x)dx + 3\int Csc^3(x)dx$$

Al separar las integrales se forman dos, una de ellas es igual a la integral del lado izquierdo de la igualdad, por lo tanto la pasaremos a sumar al lado izquierdo junto con la $\int Csc^5(x)dx$ ya que son iguales:

$$I_1 = 3\int Csc^5(x)dx + \int Csc^5(x)dx = -Csc^3(x)Ctg(x) + 3\int Csc^3(x)dx$$

$$I_1 = 4\int Csc^5(x)dx = -Csc^3(x)Ctg(x) + 3\int Csc^3(x)dx$$

Luego el coeficiente que acompaña a la integral $\int Csc^5(x)dx$ que es (4) lo pasas a dividir al lado derecho de la igualdad:

$$I_1 = \int Csc^5(x)dx = \frac{-Csc^3(x)Ctg(x)}{4} + \frac{3}{4}\int Csc^3(x)dx$$

Para completar el resultado de la integral que llamamos I_1, faltaría por resolver la integral $\frac{3}{4}\int Csc^3(x)dx$, la cual llamaremos I_2. Como la integral $\int Csc^3(x)dx$ está resulta en el (caso 8) de métodos de integración de funciones trigonométricas, lo que harás es multiplicar su resultado por $\left(\frac{3}{4}\right)$ tal como lo indica la integral I_2:

$$I_2 = \frac{3}{4}\left(\frac{-Csc(x)Ctg(x)}{2} + \frac{Ln|Csc(x) - Ctg(x)|}{2} + C\right)$$

Entonces, el resultado de I_1 es:

$$I_1 = \int Csc^5(x)dx = \frac{-Csc^3(x)Ctg(x)}{4} + I_2$$

$$I_1 = \int Csc^5(x)dx = \frac{-Csc^3(x)Ctg(x)}{4}$$
$$+ \frac{3}{4}\left(\frac{-Csc(x)Ctg(x)}{2} + \frac{Ln|Csc(x) - Ctg(x)|}{2}\right) + C$$

También tenemos el valor de la integral que llamaremos I_3, es decir, siendo la integral que faltaría por resolver y darle solución a la integral $\int Ctg^2(x)Csc^3(x)dx$:

$$I_3 = -\int Csc^3(x)dx$$

Como ya tenemos la respuesta a esta integral, sólo nos quedaría multiplicarla por un signo menos, como lo indica la I_3:

$$I_3 = -\int Csc^3(x)dx = -\left(\frac{-Csc(x)Ctg(x)}{2} + \frac{Ln|Csc(x) - Ctg(x)|}{2}\right) + C$$

$$I_3 = -\int Csc^3(x)dx = \frac{Csc(x)Ctg(x)}{2} - \frac{Ln|Csc(x) - Ctg(x)|}{2} + C$$

El resultado de la integral $\int Ctg^2(x)Csc^3(x)dx$ sería:

$$\int Ctg^2(x)Csc^3(x)dx = I_1 + I_3$$

$$\int Ctg^2(x)Csc^3(x)dx$$
$$= \frac{-Csc^3(x)Ctg(x)}{4} + \frac{3}{4}\left(\frac{-Csc(x)Ctg(x)}{2} + \frac{Ln|Csc(x) - Ctg(x)|}{2}\right)$$
$$+ \frac{Csc(x)Ctg(x)}{2} - \frac{Ln|Csc(x) - Ctg(x)|}{2} + C$$

$$\int Ctg^2(x)Csc^3(x)dx$$
$$= \frac{-Csc^3(x)Ctg(x)}{4} + \frac{Csc(x)Ctg(x)}{8} - \frac{Ln|Csc(x) - Ctg(x)|}{8} + C$$

Caso 10: También están las integrales de la forma:

$$\int Cos(mx)Cos(nx)dx$$

$$\int Sen(mx)Sen(nx)dx$$

$$\int Sen(mx)Cos(nx)dx$$

Lo números (m) y (n) son diferentes, y para hallar la respuesta de estas integrales usarás las siguientes fórmulas:

$$Cos(mx)Cos(nx) = \frac{1}{2}[Cos(m+n)x + Cos(m-n)x]$$

$$Sen(mx)Cos(nx) = \frac{1}{2}[Sen(m+n)x + Sen(m-n)x]$$

$$Sen(mx)Sen(nx) = \frac{1}{2}[-Cos(m+n)x + Cos(m-n)x]$$

Y realizarás las siguientes sustituciones respectivamente:

$$\frac{1}{2}\int [Cos(m+n)x + Cos(m-n)x]\,dx$$

$$= \frac{1}{2}\left(\frac{Sen(m+n)x}{(m+n)} + \frac{Sen(m-n)x}{(m-n)}\right) + C$$

$$\frac{1}{2}\int [Sen(m+n)x + Sen(m-n)x]dx = -\frac{1}{2}\left(\frac{Cos(m+n)x}{(m+n)} + \frac{Cos(m-n)x}{(m-n)}\right)$$
$$+ C$$

$$\frac{1}{2}\int [-Cos(m+n)x + Cos(m-n)x]\,dx$$

$$= \frac{1}{2}\left(-\frac{Sen(m+n)x}{(m+n)} + \frac{Sen(m-n)x}{(m-n)}\right) + C$$

Ejemplo: Sea la integral $\int Cos(3x)Cos(2x)dx$

$$\int Cos(3x)Cos(2x)dx = \frac{1}{2}\int [Cos(3+2)x + Cos(3-2)x]\,dx$$

$$\int Cos(3x)Cos(2x)dx = \frac{1}{2}\int [Cos(5x) + Cos(x)]\, dx$$
$$\int Cos(3x)Cos(2x)dx = \frac{1}{2}\int Cos(5x) + \frac{1}{2}\int Cos(x)dx$$

$$\int Cos(3x)Cos(2x)dx = \frac{1}{10}Sen(5x) + \frac{1}{2}Sen(x) + C$$

Ejemplo: Sea la integral $\int Sen(5x)Cos(2x)dx$

$$\int Sen(5x)Cos(2x)dx = \frac{1}{2}\int [Sen(5+2)x + Sen(5-2)x]\, dx$$
$$\int Sen(5x)Cos(2x)dx = \frac{1}{2}\int [Sen(7x) + Sen(3x)]\, dx$$
$$\int Sen(5x)Cos(2x)dx = \frac{1}{2}\int Sen(7x)dx + \frac{1}{2}\int Sen(3x)dx$$

$$\int Sen(5x)Cos(2x)dx = -\frac{1}{14}Cos(7x) - \frac{1}{6}Cos(2x) + C$$

Ejemplo: Sea la integral $\int Sen(8x)Sen(6x)dx$

$$\int Sen(8x)Sen(6x)dx = \frac{1}{2}\int [-Cos(8+6)x + Cos(8-6)x]dx$$
$$\int Sen(8x)Sen(6x)dx = \frac{1}{2}\int [-Cos(14x) + Cos(2x)]dx$$
$$\int Sen(8x)Sen(6x)dx = -\frac{1}{2}\int Cos(14x)dx + \frac{1}{2}\int Cos(2x)dx$$

$$\int Sen(8x)Sen(6x)dx = -\frac{1}{28}Sen(14x) + \frac{1}{4}Sen(2x) + C$$

En las integrales trigonométricas también se emplea la siguiente sustitución:

$$Tg\left(\frac{x}{2}\right) = t$$

Reduciéndose la integral trigonométrica a una forma racional.

Para el caso de integrales que contengan $Sen(x)$ y $Cos(x)$ aplicas las siguientes sustituciones:

$$Sen(x) = \frac{2t}{1+t^2}, \quad dt = \frac{2}{1+t^2}$$
$$Cos(x) = \frac{1-t^2}{1+t^2}, \quad dt = \frac{2}{1+t^2}$$

Estas sustituciones se pueden usar para cualquier función del tipo $\int R(Sen(x), Cos(x))$, es decir por medio de operaciones racionales, pero por lo general se aplican los casos de integración trigonométricas, porque resultan más fácil al integrar. Veamos los siguientes ejemplos en los que se usa este tipo de sustituciones:

Ejemplo:

$$\int \frac{dx}{Sen(x)} = \int \frac{\frac{2dt}{1+t^2}}{\frac{2t}{1+t^2}}$$
$$\int \frac{dx}{Sen(x)} = \int \frac{2(1+t^2)dt}{2t(1+t^2)}$$
$$\int \frac{dx}{Sen(x)} = \int \frac{dt}{t}$$
$$\int \frac{dx}{Sen(x)} = Ln|t| + C$$

Recuerda que $Tg\left(\frac{x}{2}\right) = t$:

$$\int \frac{dx}{Sen(x)} = Ln\left|Tg\left(\frac{x}{2}\right)\right| + C$$

6)   Método de integración de funciones irracionales:

Para resolver este tipo de integrales se hacen sustituciones para llevarlas a una forma elemental y por lo tanto poder buscar la respuesta de la misma. Veamos los siguientes ejemplos:

Sea la integral $\int \frac{x^{\frac{1}{2}}dx}{x^{\frac{3}{4}}+3}$

Sacas el común denominador de las fracciones que son los exponentes de la variable (x) que son $\left(\frac{1}{2}\right)$ y $\left(\frac{5}{4}\right)$ siendo el común denominador (4).

Ahora efectúas una sustitución donde:

$$x = t^4, t = x^{\frac{1}{4}}$$
$$dx = 4t^3$$

Es decir, (4) por ser el común denominador de las fracciones, lo colocas como exponente a la variable (t) y luego hallas su derivada.

Sustituyes:

$$\int \frac{x^{\frac{1}{2}}dx}{x^{\frac{3}{4}}+3} = \int \frac{(t^4)^{\frac{1}{2}}4t^3 dt}{(t^4)^{\frac{3}{4}}+3} = 4\int \frac{t^5 dt}{t^3+3}$$

Separas integrales realizando una división de polinomios:

$$
\begin{array}{r|l}
t^5 & \,t^3+3 \\
\underline{-t^5-t^2} & \,t^2 \\
0\ -t^2 &
\end{array}
$$

Quedaría así:

$$\int \frac{x^{\frac{1}{2}}dx}{x^{\frac{3}{4}} + 3} = 4\left(\int t^2 dt - \int \frac{t^2 dt}{t^3 + 3}\right)$$

Se formaron dos integrales:

$$I_1 = \int t^2 dt = \frac{t^3}{3} + C$$

$I_2 = -\int \frac{t^2 dt}{t^3 + 3}$ Aplicas un cambio de variable para esta integral, donde:

$$u = t^3 + 3$$
$$du = 3t^2 dt$$
$$\frac{du}{3} = t^2 dt$$

$$-\int \frac{t^2 dt}{t^3 + 3} = -\frac{1}{3}\int \frac{du}{u} = -\frac{1}{3}Ln|u| + C$$
$$-\int \frac{t^2 dt}{t^3 + 3} = -\frac{1}{3}Ln|\,t^3 + 3| + C$$

Ahora colocas los resultados de las dos integrales y devuelves el valor de los cambio de la variable (t), es decir:

$$\int \frac{x^{\frac{1}{2}}dx}{x^{\frac{3}{4}} + 3} = 4\left(\frac{t^3}{3} - \frac{1}{3}Ln|\,t^3 + 3|\right) + C$$

$$\int \frac{x^{\frac{1}{2}}dx}{x^{\frac{3}{4}} + 3} = 4\left(\frac{\left(x^{\frac{1}{4}}\right)^3}{3} - \frac{1}{3}Ln\left|\left(x^{\frac{1}{4}}\right)^3 + 3\right|\right) + C$$

$$\int \frac{x^{\frac{1}{2}}dx}{x^{\frac{3}{4}} + 3} = \frac{4}{3}\left(x^{\frac{3}{4}} - Ln\left|x^{\frac{3}{4}} + 3\right|\right) + C$$

Se puede presentar otro caso como las integrales de la forma $\int \left(\frac{ax+b}{cx+d}\right)^{\frac{z}{t}}, ..., \left(\frac{ax+b}{cx+d}\right)^{\frac{p}{l}} dx$, donde este tipo de funciones se resuelven por medio de operaciones racionales y se hace una sustitución donde:

$$\left(\frac{ax + b}{cx + d}\right) = t^p$$

p = Es el común denominador de las fracciones $\frac{z}{t}, ..., \frac{p}{l}$.

Ejemplo: Sea la integral $\int \frac{\sqrt{x+86}dx}{x}$

$$\int \frac{\sqrt{x + 86}dx}{x} = \int \frac{(x + 86)^{\frac{1}{2}}dx}{x}$$

El común denominador es (2) el cual será el exponente de la variable (t). Y los cambios de variables son:

$$x + 86 = t^2$$
$$x = t^2 - 86$$
$$t = \sqrt{x + 86}$$
$$dx = 2tdt$$

Efectuemos la sustitución:

$$\int \frac{(x + 86)^{\frac{1}{2}}dx}{x} = 2\int \frac{(t^2)^{\frac{1}{2}}tdt}{t^2 - 86} = 2\int \frac{t^2dt}{t^2 - 86}$$

Separas integrales realizando una división de polinomios:

$$
\begin{array}{r|l}
t^2 & \underline{t^2 - 86} \\
\underline{-t^2 + 86} & 1 \\
0 + 86 &
\end{array}
$$

Quedaría así:

$$\int \frac{(x+86)^{\frac{1}{2}}dx}{x} = 2\left(\int dt + 86\int \frac{dt}{t^2-86}\right)$$

Se formaron dos integrales:

$$I_1 = 2\int dt = 2t + C.$$

$I_2 = 172\int \frac{dt}{t^2-86}$. Esta es una integral inmediata de la forma $\int \frac{dx}{x^2-a^2}$.

$$172\int \frac{dt}{t^2-86} = 172\left(\frac{1}{2\sqrt{86}}Ln\left|\frac{t-\sqrt{86}}{t+\sqrt{86}}\right|\right) + C$$

$$172\int \frac{dt}{t^2-86} = \frac{86}{\sqrt{86}}Ln\left|\frac{t-\sqrt{86}}{t+\sqrt{86}}\right| + C$$

Ahora colocas los resultados de las dos integrales y devuelves el valor de los cambios de la variable (t), es decir:

$$\int \frac{(x+86)^{\frac{1}{2}}dx}{x} = 2\left(\int dt + 86\int \frac{dt}{t^2-86}\right)$$

$$= 2t + \frac{86}{\sqrt{86}}Ln\left|\frac{t-\sqrt{86}}{t+\sqrt{86}}\right| + C$$

$$\int \frac{(x+86)^{\frac{1}{2}}dx}{x} = 2\sqrt{x+86} + \sqrt{86}Ln\left|\frac{\sqrt{x+86}-\sqrt{86}}{\sqrt{x+86}+\sqrt{86}}\right| + C$$

Ejercicios propuestos de integrales

A continuación les diseñé una serie de ejercicios para que pongan en práctica sus conocimientos y desarrollen sus habilidades. Recuerda tener paciencia al resolverlas, sobre todo si no tienes experiencia:

1) $\int x^7 dx = \frac{x^8}{8} + C.$

2) $\int \left(\frac{1}{x} + \sqrt{x} \right) dx = ln|x| + \frac{2x^{\frac{3}{2}}}{3} + C.$

3) $\int \left(\frac{2}{\sqrt{x}} - \frac{2x\sqrt{x}}{5} \right) dx = 4\sqrt{x} - \frac{4x^{\frac{5}{2}}}{25} + C.$

4) $\int \frac{x^3}{\sqrt{x}} dx = \frac{2x^{\frac{7}{2}}}{7} + C.$

5) $\int \left(\frac{1}{x^4} + \frac{5}{2x\sqrt{x}} + 3 \right) dx = -\left(\frac{5}{\sqrt{x}} + \frac{1}{3x^3} - 3x \right) + C.$

6) $\int \frac{dx}{\sqrt[5]{x}} = \frac{5x^{\frac{4}{5}}}{4} + C.$

7) $\int \left(x^3 + \frac{1}{\sqrt[4]{x}} \right)^2 dx = \frac{x^7}{7} + \frac{8x^{\frac{15}{4}}}{15} + 2x^{\frac{1}{2}} + C.$

8) $\int \frac{x^5}{5} dx = \frac{x^6}{30} + C.$

9) $\int \frac{x}{\sqrt[3]{x}} dx = \frac{3x^{\frac{5}{3}}}{5} + C.$

10) $\int \sqrt{x}(x^3 - 5\sqrt{x}) dx = \frac{2x^{\frac{9}{2}}}{9} - \frac{5x^2}{2} + C.$

11) $\int (\sqrt{x} - 1)(x + \sqrt{x} - 1) dx = \frac{2x^{\frac{5}{2}}}{5} - \frac{4x^{\frac{3}{2}}}{3} + x + C.$

12) $\int \frac{(x^3-1)(x^2+2)}{\sqrt[3]{x}} dx = \frac{3x^{\frac{17}{3}}}{17} + \frac{6x^{\frac{11}{3}}}{11} - \frac{3x^{\frac{8}{3}}}{8} - 3x^{\frac{2}{3}} + C.$

Integración por sustitución ó cambio de variable:

13) $\int Cos(10x) dx = \frac{Sen(10x)}{10} + C.$

14) $\int Sen(mx) dx = -\frac{Cos(mx)}{m} + C.$

15) $\int e^{18x}dx = \frac{e^{18x}}{18} + C.$

16) $\int \frac{dx}{Sen^2(5x)} = -\frac{1}{5Tg(5x)} + C.$

17) $\int \frac{dx}{Cos^2(7x)} = \frac{Tg(7x)}{7} + C.$

18) $\int \frac{dx}{1-2x} = -\frac{Ln|2x-1|}{2} + C.$

19) $\int \frac{dx}{1-x} = -Ln|x - 1| + C.$

20) $\int Tg(3x)dx = -\frac{Ln|Cos(3x)|}{3} + C.$

21) $\int Ctg(4x - 6)dx = \frac{1}{4}Ln|Sen(4x - 6)| + C.$

22) $\int Sen^2(x)Cos(x)dx = \frac{Sen^3(x)}{3} + C.$

23) $\int x\sqrt{x^2 + 1}dx = \frac{1}{3}\sqrt{(x^2 + 1)^3} + C.$

24) $\int \frac{Cos(x)dx}{Sen^2(x)} = -\frac{1}{Sen(x)} + C.$

25) $\int \frac{xdx}{\sqrt{x^2+1}} = \sqrt{x^2 + 1} + C.$

26) $\int \frac{xdx}{\sqrt{3x^2+4}} = \frac{\sqrt{3x^2+4}}{3} + C.$

27) $\int \frac{xdx}{\sqrt{5x^2+3}} = \frac{\sqrt{5x^2+3}}{5} + C.$

28) $\int Cos^3(x)Sen(x)dx = -\frac{Cos^4(x)}{4} + C.$

29) $\int \frac{Ln(x)}{x}dx = \frac{1}{2}Ln^2(x) + C.$

30) $\int \frac{2Sen(x)}{Cos^3(x)}dx = \frac{1}{(Cos(x))^2} + C.$

31) $\int (4^x e^x)dx = \frac{(4e)^x}{2Ln(2)+1} + C.$

32) $\int e^{-4x}dx = -\frac{e^{-4x}}{4} + C.$

33) $\int \frac{xdx}{x^2+1} = \frac{1}{2}Ln|x^2 + 1| + C.$

34) $\int \frac{(x+1)dx}{x^2+2x+3} = \frac{1}{2}Ln|x^2 + 2x + 3| + C.$

35) $\int Cos(m + tx)dx = \frac{1}{t}Sen(m + tx) + C.$

36) $\int e^{(x^2+16x+4)}(x + 8)dx = \frac{1}{2}e^{(x^2+16x+4)} + C.$

37) $\int (e^{4x} + m^{4x})dx = \frac{1}{4}\left(e^{4x} + \frac{m^{4x}}{Ln(m)}\right) + C.$

38) $\int \frac{ArcCtg(x)}{2(1+x^2)} = -\frac{ArcCtg^2(x)}{4} + C.$

39) $\int \frac{Ln^4(x)dx}{x} = \frac{Ln^5(x)}{5} + C.$

40) $\int \frac{ArcSen(x)dx}{\sqrt{1-x^2}} = \frac{ArcSen^2(x)}{2} + C.$

41) $\int \frac{Cos(x)dx}{\sqrt{3Senx+1}} = \frac{2\sqrt{3Sen(x)+1}}{3} + C.$

42) $\int \frac{Cos(2x)dx}{(1+Sen(2x)^2)} = 2ArcTg(Sen(2x)) + C.$

43) $\int \frac{Cos(x)dx}{Sen^3(x)} = -\frac{1}{2Sen^2(x)} + C.$

44) $\int \frac{x^3 dx}{\sqrt{x^4+1}} = \frac{\sqrt{x^4+1}}{2} + C.$

45) $\int \frac{x^2 dx}{\sqrt{2x^3+3}} = \frac{\sqrt{2x^3+3}}{3} + C.$

46) $\int x^2\sqrt{x^3+3}dx = \frac{2(x^3+3)\sqrt{x^3+3}}{9} + C.$

47) $\int Sen^3(x)Cos(x)dx = \frac{Sen^4(x)}{4} + C.$

48) $\int Cos^3(x)Sen(x)dx = -\frac{Cos^4(x)}{4} + C.$

49) $\int \frac{Sen(x)}{Cos^4(x)} dx = \frac{1}{3(Cos^3(x))} + C.$

50) $\int \frac{Ctg(x)dx}{Sen^2(x)} = \frac{-Csc^2(x)}{2} + C.$

51) $\int Sec^3(x)Tg(x)dx = \frac{Sec^3(x)}{3} + C.$

52) $\int -Csc^2(x)Ctg(x)dx = \frac{Csc^2(x)}{2} + C.$

53) $\int Sec(x)Tg(x)Ln(Sec(x))dx = Sec(x)Ln(Sec(x)) - Ln(Sec(x)) + C.$

54) $\int (x+3)Ln(x^2+6x)dx = \frac{x(x+6)(Ln(x^2+6x)-1)}{2}$

55) $\int \frac{-Sen(x)dx}{\sqrt{30Cos(x)+4}} = \frac{\sqrt{30Cos(x)+4}}{15} + C$

56) $\int \frac{Sen(2x)dx}{(3+8Cos(2x))^3} = \frac{1}{32(3+8Cos(2x))^2} + C$

57) $\frac{\int Ln^4(x)}{x} = \frac{Ln^5(x)}{5} + C$

58) $\int \frac{ArcSen(x)dx}{\sqrt{1-x^2}} = \frac{ArcSen^2(x)}{2} + C$

59) $\frac{1}{3}\int \frac{ArcTg(x)dx}{1+x^2} = \frac{ArcTg^2(x)}{6} + C$

60) $m\int \frac{ArcCtg(x)dx}{1+x^2} = -m\frac{ArcCtg^2(x)}{2} + C$

61) $\int \frac{ArcCos^2(x)dx}{\sqrt{1-x^2}} = -\frac{ArcCos^3(x)}{2} + C$

62) $\int \frac{x^2}{x^3+\frac{3}{2}} dx = \frac{Ln(2x^3+3)}{3} + C$

63) $\int \frac{Sen(x)dx}{3Cos(x)+7} = -\frac{Ln(3Cos(x)+7)}{3} + C$

64) $\int \frac{dx}{7xLn(x)} = \frac{Ln(Ln(x))}{7} + C$

65) $\int 3x^2(x^3+1)^5 dx = \frac{(x^3+1)^6}{6} + C.$

66) $\int \frac{7dx}{3(1+x^2)ArcTg(x)} = \frac{7Ln|ArcTg(x)|}{3} + C.$

67) $\int \frac{dx}{8ArcSen(x)\sqrt{1-x^2}} = \frac{Ln|ArcSen(x)|}{8} + C.$

68) $\int \frac{x}{1-x^2} dx = -\frac{Ln|1-x^2|}{2} + C.$

69) $\int \frac{-Csc^2(x)Ctg(x)dx}{2t} = \frac{Csc^2(x)}{4t} + C.$

70) $\int Sen(Ln(x))\frac{dx}{x} = -Cos(Ln(x)) + C.$

71) $\int Tg(5x+3)dx = -\frac{Ln|Cos(5x+3)|}{5} + C.$

72) $\int e^{Sen(x)}Cos(x)dx = e^{Sen(x)} + C.$

73) $\int e^{Sec^2(x)}Sec^2(x)Tg(x)dx = \frac{e^{Sec^2(x)}}{2} + C.$

74) $\int e^{x^2+7}(2x)dx = e^{x^2+7} + C.$

75) $\int \frac{2x+3}{x^2+3x+6} dx = Ln|x^2+3x+6| + C.$

76) $\int \frac{2e^x}{4+5e^x} dx = \frac{2}{5}Ln(4+5e^x) + C.$

77) $\int \frac{dx}{1+7x^2} = \frac{1}{\sqrt{7}}ArcTg(\sqrt{7}x) + C.$

78) $\int \frac{dx}{\sqrt{1-10x^2}} = \frac{1}{\sqrt{10}}ArcSen(\sqrt{10}x) + C$

79) $\int \frac{dx}{\sqrt{36-9x^2}} = \frac{1}{3}ArcSen\left(\frac{x}{2}\right) + C$

80) $\int \frac{3e^x dx}{\sqrt{1-e^{2x}}} = 3ArcSen(e^x) + C$

81) $\int \frac{Sen(x)dx}{m^2+Cos^2(x)} = -\frac{1}{m}ArcTg\left(\frac{Cos(x)}{m}\right) + C$

82) $\int \frac{dx}{x\sqrt{1986-Ln(x)}} = -2\sqrt{1986-Ln(x)} + C.$

83) $\int \frac{7\sqrt{1+\sqrt{x}}}{3\sqrt{x}} dx = \frac{28(1+\sqrt{x})}{9}\sqrt{1+\sqrt{x}} + C$

84) $\int \frac{Cos(x)dx}{Sen^{10}(x)} = -\frac{1}{9Sen^9(x)} + C$

85) $\int \frac{dx}{2\sqrt{x}\sqrt{1+\sqrt{x}}} = 2\sqrt{1+\sqrt{x}} + C$

86) $\int \frac{\sqrt{7m+Ln(x)}dx}{x} = \frac{2(Ln(x)+7m)^{\frac{3}{2}}}{3} + C.$

87) $\int \frac{Sen(x)dx}{\sqrt{9+Cos(x)}} = -2\sqrt{9+Cos(x)} + C$

88) $\int \sqrt{1+Cos(x)}Sen(x)dx = -\frac{2(Cos(x)+1)^{\frac{3}{2}}}{3} + C$

89) $\int \frac{x^2 dx}{\sqrt{x^3+20}} = \frac{2\sqrt{x^3+20}}{3} + C$

Integración por partes:

90) $\int xSen(x)dx = Sen(x) - xCos(x) + C$

91) $\int xTg(x)dx = \frac{Ln|Sec(x)|(x-1)}{2} + C$

92) $\int x^3 e^x dx = e^x(x^3 - 3x^2 + 6x - 6) + C$

93) $\int (x^2 + 5x + 6)Cos(2x)dx = \frac{x^2 Sen(2x)}{2} + \frac{5xSen(2x)}{2} +$
$\frac{11Sen(2x)}{4} + \frac{xCos(2x)}{2} + \frac{5Cos(2x)}{4} + C$

94) $\int \sqrt{4-x^2}\, dx = \frac{x\sqrt{4-x^2}}{2} + 2ArcTg\left(\frac{x}{\sqrt{4-x^2}}\right) + C$

95) $\int e^{(rio)x}Cos(mx)dx = \frac{e^{(rio)x}Cos(mx)}{(rio)+m} + \frac{e^{(rio)x}Sen(mx)}{(rio)+m} + C$

96) $\int e^{mx} Sen(tx)dx = \frac{mSen(tx)e^{mx}}{m^2+t^2} - \frac{tCos(tx)e^{mx}}{m^2+t^2} + C$

97) $4 \int Ln(x)dx = 4x(Ln|x| - 1) + C$

98) $\int x^2 e^{-x}dx = -\frac{1}{e^x}(x^2 + 2x + 2) + C$

99) $\int x^2 e^{mx}dx = \frac{e^{mx}}{m}(x^2 - \frac{2x}{m} + \frac{2}{m^2}) + C$

100) $2 \int \frac{Ln|x|dx}{\sqrt{x}} = 4Ln|x|\sqrt{x} - 8\sqrt{x} + C$

101) $\int xArcSen(x)dx = \frac{x^2 ArcSen(x)}{2} + \frac{x\sqrt{1-x^2}}{4} - \frac{ArcTg\left(\frac{x}{\sqrt{1-x^2}}\right)}{4} + C$

102) $\int \frac{xArcSen(x)dx}{x} = ArcSen(x) + \frac{\sqrt{1-x^2}}{x} + \frac{x^2 ArcSen(x)}{2} + \frac{3x\sqrt{1-x^2}}{4} +$
$\frac{ArcTg\left(\frac{x}{\sqrt{1-x^2}}\right)}{4} + C$

103) $20 \int xLn(x)dx = 10x^2 Ln|x| - 5x^2 + C$

104) $\int ArcCos(x)dx = xArcCos(x) - \sqrt{1-x^2} + C.$

105) $\int ArcTg(x)dx = xArcTg(x) - \frac{Ln|1+x^2|}{2} + C.$

106) $\frac{1}{m} \int ArcSen(x)dx = \frac{xArcSen(x)+\sqrt{1-x^2}}{m} + C.$

107) $\int xArcCsc(x)dx = \frac{1}{2}\left(x^2 ArcCsc(x) + \sqrt{x^2 - 1} + C\right).$

108) $\int xArcCtg(x)dx = \frac{x^2}{2} ArcCtg(x) + \frac{x}{2} - \frac{1}{4x} Ln\left|\frac{x-1}{x+1}\right| + C.$

109) $\int Ln(2 - x)dx = xLn(2 - x) - 2Ln(2 - x) - x + 2 + C.$

110) $\int x^m Ln(x)dx = \frac{(m+1)Ln(x)x^{m+1} - x^{m+1}}{(m+1)^2} + C.$

111) $\int Ln(x^2 + 7)dx = xLn(x^2 + 7) - 2x + \frac{14}{\sqrt{7}} ArcTg\left(\frac{x}{\sqrt{7}}\right) + C.$

112) $\int xSen^2(x)dx = \frac{xSen(2x)}{4} + \frac{x^2}{2} + \frac{Cos(2x)}{8} + \frac{x^2}{4} + C.$

113) $\int \frac{xArcTg(x)dx}{(1+x^2)} = \frac{x^2 ArcTg(x)}{2} - \frac{x}{2} + ArcTg(x) + C.$

114) $\int \frac{xArcSec(x)dx}{x\sqrt{x^2-1}} = xArcSec(x) - Ln\left(x + \sqrt{x^2 - 1}\right) + C.$

115) $\int x^2 Cos(x)dx = x^2 Sen(x) + 2xCos(x) - 2Sen(x) + C.$

116) $\int e^x Sen(x)dx = \frac{e^x}{2}\left(Sen(x) - Cos(x)\right) + C.$

117) $\int e^x x^2 dx = e^x(x^2 - 2x + 2) + C.$

118) $\int \frac{ArcSen(\sqrt{x})dx}{\sqrt{x}} = 2\sqrt{x}ArcSen(\sqrt{x}) - ArcTg\left(\frac{x}{\sqrt{1-x^2}}\right) + C.$

119) $\int xCos^2(x)dx = \frac{2x^2 + 2Sen(2x) + Cos(2x)}{8} + C.$

120) $2\int xCsc(x)dx = \frac{1}{2}\left(x^2 Csc(x) + \sqrt{x^2 - 1}\right) + C.$

121) $\int Ln(9 - x)dx = -(9 - x)[Ln(9 - x) - 1] + C.$

122) $\int x^2 e^{2x} dx = \frac{e^{2x}}{2}\left(x^2 - x + \frac{1}{2}\right) + C.$

Integración de funciones trigonométricas:

123) $\int Cos^3(x)dx = Sen(x) - \frac{Sen^3(x)}{3} + C.$

124) $\int Sen^5(x)dx = Cos(x) - \frac{2Cos^3(x)}{3} + \frac{Cos^5(x)}{5} + C.$

125) $\int Cos^3(x) Sen^4(x)dx = \frac{Sen^5(x)}{5} - \frac{Sen^7(x)}{7} + C.$

126) $\int Sen^5(x)Cos^5(x)\,dx = \frac{Sen^6(x)}{6} - \frac{Sen^8(x)}{4} - \frac{Sen^{10}(x)}{10} + C.$

127) $\int Tg^3(x)dx = \frac{Sec^2(x)}{2} - Ln|Sec(x)| + C.$

128) $\int \frac{dx}{Cos^3(x)} = \frac{Sec(x)Tg(x)}{2} + \frac{Ln|Sec(x)+Tg(x)|}{2} + C.$

129) $\int \frac{dx}{Sen^3(x)} = \frac{Ln|Csc(x)-Ctg(x)|}{2} - \frac{Csc(x)Ctg(x)}{2} + C.$

130) $\int Cos^7(x)\,dx = -\frac{Sen^7(x)}{7} + \frac{3Sen^5(x)}{5} - Sen^3(x) + Sen(x) + C.$

131) $\int Sen^4(x)\,dx = \frac{3x}{8} - \frac{Sen(2x)}{4} + \frac{Sen(4x)}{32} + C.$

132) $\int Cos(3x)Sen(4x)\,dx = -\frac{1}{2}\left(\frac{Cos(7x)}{7} + Cos(x)\right) + C.$

133) $\int Cos^5(x)Sen^4(x)\,dx = \frac{Sen^5(x)}{5} - \frac{2Sen^7(x)}{7} + \frac{Sen^9(x)}{9} + C.$

Integración de fracciones racionales. (Caso I):

134) $\int \frac{2dx}{(x+1)(x-1)(x+2)} = \frac{2Ln|x+2|}{3} - Ln|x+1| + \frac{Ln|x-1|}{3} + C.$

135) $\int \frac{\frac{1}{4}dx}{\left(x+\frac{1}{2}\right)(x^2-4)} = \frac{Ln|x+2|}{24} + \frac{Ln|x-2|}{40} - \frac{Ln|2x+1|}{15} + C.$

136) $\int \frac{\sqrt{2}dx}{(x+3)(x-2)(x+1)(x-7)} = \frac{\sqrt{2}Ln|x+1|}{48} - \frac{\sqrt{2}Ln|x-2|}{75} + \frac{\sqrt{2}Ln|x-7|}{400} - \frac{\sqrt{2}Ln|x+3|}{100} + C.$

137) $\int \frac{dx}{2(x^2-1)(x-5)(x+10)} = \frac{Ln|x+1|}{216} - \frac{Ln|x-1|}{176} + \frac{Ln|x-5|}{720} - \frac{Ln|x+10|}{2970} + C.$

138) $\int \frac{5dx}{(x-10)(x-86)(x+12)} = \frac{5Ln|x+12|}{2156} - \frac{5Ln|x-10|}{1672} + \frac{5Ln|x-86|}{7448} + C.$

139) $\int \frac{(rio)dx}{(x-7)(x-5)(x-4)(x+4)} = -\frac{(rio)Ln|x+4|}{792} + \frac{(rio)Ln|x-4|}{24} -$
$\frac{(rio)Ln|x-5|}{18} + \frac{(rio)Ln|x-7|}{66} + C.$

140) $\int \frac{dx}{(x-100)(x+100)(x-\sqrt{5})} = -\frac{Ln|x-100|}{200(\sqrt{5}-100)} - \frac{1999Ln|x+100|}{40(\sqrt{5}-100)(\sqrt{5}+100)^2} -$
$\frac{9995Ln|x-\sqrt{5}|}{(\sqrt{5}+100)^2(\sqrt{5}-100)^2} + C.$

141) $\int \frac{dx}{(x-8)(x-3)(x-\sqrt{2})} = \frac{(114\sqrt{2}-230)Ln|x-3|}{5(\sqrt{2}-8)^2(\sqrt{2}-3)^3} - \frac{Ln|x-8|}{5(\sqrt{2}-8)} - \frac{(11\sqrt{2}-26)Ln|x-\sqrt{2}|}{(\sqrt{2}-8)^2(\sqrt{2}-3)^2} + C.$

142) $\int \frac{dx}{(x-1)(x-5)(x+9)} = \frac{Ln|x+9|}{140} - \frac{Ln|x-1|}{40} + \frac{Ln|x-5|}{56} + C.$

143) $\int \frac{dx}{(x^2-1)(x+6)} = \frac{Ln|x+1|}{14} - \frac{Ln|x-1|}{10} + \frac{Ln|x-6|}{35} + C.$

144) $\int \frac{dx}{(x-2)(x+7)(x+6)} = \frac{Ln|x+7|}{9} - \frac{Ln|x+6|}{8} + \frac{Ln|x-2|}{72} + C.$

145) $\int \frac{dx}{(x-8)(x-5)} = \frac{Ln|x-8|}{3} - \frac{Ln|x-5|}{3} + C.$

146) $\int \frac{dx}{(x-1)\left(x-\frac{2}{3}\right)} = 3\,Ln|x-1| - 3Ln|3x-2| + C.$

147) $\int \frac{dx}{(x^2-9)(x-2)} = \frac{Ln|x+9|}{198} - \frac{Ln|x-2|}{77} + \frac{Ln|x-9|}{126} + C.$

148) $\int \frac{dx}{(x^2-49)(x+17)} = \frac{Ln|x+17|}{240} - \frac{Ln|x+7|}{140} + \frac{Ln|x-7|}{336} + C.$

149) $\int \frac{3dx}{(x^2-81)(x-6)} = \frac{3Ln|x+8|}{224} - \frac{3Ln|x-6|}{28} + \frac{3Ln|x-5|}{32} + C.$

150) $\int \frac{3dx}{(x^2-5)(x+4)} = \frac{Ln|x+5|}{10} - \frac{Ln|x+4|}{9} + \frac{Ln|x-5|}{90} + C.$

151) $\int \frac{dx}{(x^2-7)(x-3)} = \frac{Ln|x+7|}{140} - \frac{Ln|x-3|}{40} + \frac{Ln|x-7|}{56} + C.$

152) $\int \frac{dx}{(x-1)(x+1)(x+10)} = \frac{Ln|x+10|}{99} - \frac{Ln|x+1|}{18} + \frac{Ln|x-1|}{22} + C.$

153) $\int \frac{Cdx}{(x^2-9)(x+8)} = \frac{CLn|x+9|}{18} - \frac{CLn|x+8|}{17} + \frac{CLn|x-9|}{306} + C.$

154) $\int \frac{dx}{(x^2-20)(x+1)} = \frac{Ln|x+20|}{760} - \frac{Ln|x+1|}{399} + \frac{Ln|x-20|}{840} + C.$

155) $\int \frac{dx}{(x^2-2)} = \frac{Ln|x-2|}{4} - \frac{Ln|x+2|}{4} + C.$

156) $\int \frac{dx}{(x-10)(x+1)} = \frac{Ln|x-10|}{11} - \frac{Ln|x+1|}{11} + C.$

157) $\int \frac{dx}{(x-8)(x+6)} = \frac{Ln|x-8|}{14} - \frac{Ln|x+6|}{14} + C.$

158) $\int \frac{dx}{(x-1)(x+2)(x-3)} = \frac{Ln|x+2|}{15} - \frac{Ln|x-1|}{6} + \frac{Ln|x-3|}{10} + C.$

159) $\int \frac{dx}{(x^2-25)(x+3)} = \frac{Ln|x+25|}{1100} - \frac{Ln|x+3|}{616} + \frac{Ln|x-25|}{1400} + C.$

160) $\int \frac{dx}{(x+8)(x-5)(x-3)} = \frac{Ln|x+8|}{143} - \frac{Ln|x-3|}{22} + \frac{Ln|x-5|}{26} + C.$

161) $\int \frac{dx}{(x-2)(x-4)(x-3)} = \frac{Ln|x-2|}{2} - Ln|x-3| + \frac{Ln|x-4|}{2} + C.$

162) $\int \frac{dx}{(x-1)(x-2)\left(x-\frac{7}{3}\right)} = \frac{3Ln|x-1|}{4} - 3Ln|x-2| + \frac{9Ln|3x-7|}{4} + C.$

163) $\int \frac{dx}{(x^2-1)(x+19)} = \frac{Ln|x+19|}{360} - \frac{Ln|x+1|}{36} + \frac{Ln|x-1|}{40} + C.$

164) $\int \frac{dx}{(x^2-529)(x+4)} = \frac{Ln|x+529|}{555450} - \frac{Ln|x+4|}{279825} + \frac{Ln|x-529|}{563914} + C.$

165) $\int \frac{dx}{(x^2-3)(x-10)(x-7)} = \frac{17Ln|x^2-3|}{8924} - \frac{Ln|x-7|}{138} + \frac{Ln|x-10|}{291} - \frac{73\sqrt{3}ArcTgh(\frac{x}{\sqrt{3}})}{13386} + C.$

166) $\int \frac{dx}{(x^2-6)(x-5)(x-1)} = \frac{Ln|x-1|}{20} + \frac{Ln|x-5|}{76} - \frac{3Ln|x^2-6|}{95} + \frac{11\sqrt{6}ArcTgh(\frac{x}{\sqrt{6}})}{570} + C.$

167) $\int \frac{dx}{(x^2-\frac{1}{3})(x-6)} = \frac{3Ln|x-6|}{107} - \frac{3Ln|3x^2-1|}{214} + \frac{18\sqrt{3}ArcTgh(x\sqrt{3})}{107} + C.$

168) $\int \frac{7dx}{(x^2-1)(x+2)} = \frac{7Ln|x+2|}{3} - \frac{7Ln|x+1|}{2} + \frac{7Ln|x-1|}{6} + C.$

169) $\int \frac{dx}{(x^2-1)(x+\frac{1}{8})} = \frac{4Ln|x+1|}{7} + \frac{4Ln|x-1|}{9} - \frac{64Ln|8x+1|}{63} + C.$

Integración de fracciones racionales. (Caso II):

170) $\int \frac{dx}{(x+1)^3(x+2)} = \frac{1}{x+1} + Ln|x+1| - Ln|x+2| - \frac{1}{2(x+1)^2} + C.$

171) $\int \frac{2dx}{(x+2)^2(x-1)} = \frac{2Ln|x-1|}{9} + \frac{2}{3(x+2)} - \frac{2Ln|x+2|}{9} + C.$

172) $\int \frac{(2x+3)dx}{(x-3)^2(x-5)} = \frac{13Ln|x-5|}{8} - \frac{13Ln|x-3|}{8} + \frac{13}{4(x-3)} + \frac{9}{4(x-3)^2} + C.$

173) $\int \frac{(8x)dx}{(x-4)^3(x+2)(x+1)} = \frac{8Ln|x+1|}{125} - \frac{2Ln|x+2|}{27} + \frac{34Ln|x-4|}{3375} + \frac{28}{225(x-4)} - \frac{8}{15(x-4)^2} + C.$

174) $\int \frac{(9x+6)dx}{(x-10)^3(x+8)(x-3)^3} = \frac{16Ln|x-10|}{1029} - \frac{8Ln|x+8|}{363} - \frac{531Ln|x-3|}{41503} + \frac{75}{539(x-3)} + \frac{3}{14(x-3)^2} + C.$

175) $\int \frac{(3x)dx}{(x-7)(x+2)^3} = \frac{7Ln|x-7|}{243} - \frac{7Ln|x+2|}{243} + \frac{7}{27(x+2)} - \frac{1}{3(x+2)^2} + C.$

176) $\int \frac{ndx}{(x+9)(x+8)^3} = nLn|x+8| + \frac{n}{(x+8)} - \frac{n}{2(x+8)^2} - nLn|x+9| + C.$

177) $\int \frac{ydx}{(t+5)(t-8)^3} = \frac{xy}{(t+5)(t-8)^3} + C.$

178) $\int \frac{mdm}{(m-5)(m-8)^2} = \frac{mx}{(m-5)(m-8)^2} + C.$

179) $\int \frac{dx}{(x-7)(x-8)(x-6)^3} = \frac{7Ln|x-6|}{8} - Ln|x-7| + \frac{Ln|x-8|}{8} - \frac{3}{4(x-6)} - \frac{1}{4(x-6)^2} + C.$

180) $\int \frac{dx}{(x-2)(x-7)^3} = \frac{Ln|x-7|}{125} + \frac{1}{25(x-7)} - \frac{1}{10(x-7)^2} - \frac{Ln|x-2|}{125} + C.$

181) $\int \frac{dx}{(x+4)(x-8)^3} = \frac{Ln|x-8|}{1728} + \frac{1}{144(x-8)} - \frac{1}{24(x-8)^2} - \frac{Ln|x+4|}{1728} + C.$

182) $\int \frac{5dx}{(x+6)(x-2)^3} = \frac{5Ln|x-2|}{512} + \frac{5}{64(x-2)} - \frac{5}{16(x-2)^2} - \frac{5Ln|x+6|}{512} + C.$

183) $\int \frac{n^2dx}{(x+4)(x-9)^3} = \frac{n^2Ln|x-9|}{2197} - \frac{n^2Ln|x+4|}{2197} + \frac{n^2}{169(x-9)} - \frac{n^2}{26(x-9)^2} + C.$

184) $\int \frac{mdx}{(x-86)(x-7)^3} = -\frac{mLn|x-7|}{493039} + \frac{mLn|x-86|}{493039} + \frac{m}{6241(x-7)} + \frac{m}{158(x-7)^2} + C.$

185) $\int \frac{kdx}{(x+1)(x-16)^3} = \frac{kLn|x-16|}{4913} + \frac{k}{289(x-16)} - \frac{kLn|x+1|}{4913} - \frac{k}{34(x-16)^2} + C.$

186) $\int \frac{dx}{\left(x+\frac{7}{3}\right)(x-8)^3} = \frac{27Ln|x-8|}{29791} + \frac{9}{961(x-8)} - \frac{3}{62(x-8)^2} - \frac{27Ln|3x+7|}{29791} + C.$

187) $\int \frac{kdx}{(x+4)(x-5)^3} = \frac{kLn|x-5|}{729} - \frac{kLn|x+4|}{729} + \frac{k}{81(x-5)} - \frac{k}{18(x-5)^2} + C.$

188) $\int \frac{kdx}{(x+14)(x+3)^3} = \frac{kLn|x+3|}{1331} - \frac{kLn|x+14|}{1331} + \frac{k}{121(x+3)} - \frac{k}{22(x+3)^2} + C.$

189) $\int \frac{pdx}{\left(x-\frac{1}{2}\right)(x-7)^3} = \frac{8pLn|x-7|}{2197} - \frac{8pLn|2x-1|}{2197} + \frac{4p}{169(x-7)} - \frac{p}{13(x-7)^2} + C.$

190) $\int \frac{pdx}{(x-1)(x-33)^3} = -\frac{pLn|x-1|}{32768} + \frac{pLn|x-33|}{32768} + \frac{p}{1024(x-33)} - \frac{p}{64(x-33)^2} + C.$

191) $\int \frac{pdx}{(x-12)(x-2)^3} = \frac{pLn|x-12|}{1000} + \frac{p}{100(x-2)} + \frac{p}{20(x-1)^2} - \frac{pLn|x-2|}{1000} + C.$

192) $\int \frac{dx}{(x-64)(x-9)^3} = \frac{Ln|x-64|}{166375} - \frac{Ln|x-9|}{166375} + \frac{1}{3025(x-9)} + \frac{1}{110(x-9)^2} + C.$

193) $\int \frac{dx}{(x-6)(x-12)^3} = \frac{Ln|x-12|}{216} - \frac{Ln|x-6|}{216} + \frac{1}{36(x-12)} - \frac{1}{12(x-12)^2} + C.$

194) $\int \frac{dx}{(x-1)(x-8)^3} = \frac{Ln|x-8|}{343} - \frac{Ln|x-1|}{343} + \frac{1}{49(x-8)} - \frac{1}{14(x-8)^2} + C.$

195) $\int \frac{dx}{(x-1)(x+2)(x-3)^3} = \frac{Ln|x+2|}{375} - \frac{Ln|x-1|}{24} + \frac{39Ln|x-3|}{1000} + \frac{7}{100(x-3)} - \frac{1}{20(x-3)^2} + C.$

196) $\int \frac{dx}{\left(x-\frac{1}{4}\right)(x-2)^3} = \frac{64Ln|x-2|}{343} + \frac{16}{49(x-2)} - \frac{2}{7(x-2)^2} - \frac{64Ln|4x-1|}{343} + C.$

197) $\int \frac{dx}{(x+2)(x-6)^3} = \frac{Ln|x-6|}{512} + \frac{1}{16(x-6)} - \frac{1}{64(x-6)^2} - \frac{Ln|x+2|}{512} + C.$

198) $\int \frac{dx}{(x-2)(x+1)^3} = \frac{Ln|x-2|}{27} - \frac{Ln|x+1|}{27} + \frac{1}{9(x+1)} + \frac{1}{6(x+1)^2} + C.$

199) $\int \frac{dx}{(x+4)(x-10)^3} = \frac{Ln|x-10|}{2744} - \frac{Ln|x+4|}{2744} + \frac{1}{196(x-10)} - \frac{1}{28(x-10)^2} + C.$

200) $\int \frac{dx}{\left(x-\frac{1}{5}\right)(x+4)^2} = -\frac{25Ln|x+4|}{441} + \frac{5}{21(x+4)} + \frac{25Ln|5x-1|}{441} + C.$

201) $\int \dfrac{dx}{\left(x-\frac{1}{8}\right)(x+1)^2} = -\dfrac{64Ln|x+1|}{81} + \dfrac{8}{9(x+1)} + \dfrac{64Ln|8x-1|}{81} + C.$

202) $\int \dfrac{zdx}{\left(x+\frac{1}{9}\right)^3(x-8)} = \dfrac{729zLn|x-8|}{389017} - \dfrac{729zLn|9x+1|}{389017} + \dfrac{729z}{5329(9x+1)} + \dfrac{729z}{146(9x+1)^2} + C.$

203) $\int \dfrac{dx}{\left(x-\frac{1}{10}\right)(x+2)^2} = \dfrac{10}{21(x+2)} - \dfrac{100Ln|x+2|}{441} + \dfrac{100Ln|10x-1|}{441} + C.$

204) $\int \dfrac{dx}{\left(x+\frac{8}{3}\right)(x+7)^3} = \dfrac{9}{169(x+7)} - \dfrac{27Ln|x+7|}{2197} + \dfrac{3}{26(x+7)^2} + \dfrac{27Ln|3x+8|}{2197} + C.$

205) $\int \dfrac{28dx}{(x-1)(x+5)^3} = \dfrac{7Ln|x-1|}{54} - \dfrac{7Ln|x+5|}{54} + \dfrac{7}{9(x+5)} + \dfrac{7}{3(x+5)^2} + C.$

206) $\int \dfrac{20dx}{\left(x-\frac{1}{2}\right)\left(x+\frac{1}{3}\right)^3} = -\dfrac{864Ln|3x+1|}{25} + \dfrac{864Ln|2x-1|}{25} + \dfrac{432}{5(3x+1)} + \dfrac{108}{(3x+1)^2} + C.$

207) $\int \dfrac{dx}{(x-23)(x+1)^3} = \dfrac{Ln|x-23|}{13824} - \dfrac{Ln|x+1|}{13824} + \dfrac{1}{576(x+1)} + \dfrac{1}{48(x+1)^2} + C.$

208) $\int \dfrac{dx}{(x+66)\left(x+\frac{5}{2}\right)^3} = \dfrac{8Ln|2x+5|}{2048383} - \dfrac{8Ln|x+66|}{2048383} + \dfrac{8}{16129(2x+5)} - \dfrac{4}{127(2x+5)^2} + C.$

209) $\int \dfrac{dx}{(x-8)(x-23)^3} = \dfrac{Ln|x-23|}{3375} - \dfrac{Ln|x-8|}{3375} + \dfrac{1}{225(x-23)} - \dfrac{1}{30(x-23)^2} + C.$

Integración de fracciones racionales. (Caso III):

210) $\int \dfrac{dx}{(x^2+1)(x-1)} = \dfrac{Ln|x-1|}{2} - \dfrac{Ln|x^2+1|}{4} - \dfrac{ArcTg(x)}{2} + C.$

211) $\int \dfrac{dx}{(x^2+5)(x-7)} = \dfrac{Ln|x-7|}{54} - \dfrac{Ln|x^2+5|}{108} - \dfrac{7\sqrt{5}ArcTg\left(\frac{x}{\sqrt{5}}\right)}{270} + C.$

212) $\int \dfrac{3dx}{(x^2+8)(x+3)} = \dfrac{3Ln|x+8|}{67} - \dfrac{3Ln|x^2+3|}{134} + \dfrac{8\sqrt{3}ArcTg\left(\frac{x}{\sqrt{3}}\right)}{67} + C.$

213) $\int \dfrac{3dx}{(x^2+3)(x+5)} = \dfrac{3Ln|x+5|}{28} - \dfrac{3Ln|x^2+3|}{56} + \dfrac{5\sqrt{3}ArcTg\left(\frac{x}{\sqrt{3}}\right)}{28} + C.$

214) $\int \dfrac{dx}{(x^2-3)(x^2+5)(x-1)} = \dfrac{Ln|x^2+5|}{96} + \dfrac{Ln|x^2-3|}{32} - \dfrac{Ln|x-1|}{12} +$
$\dfrac{\sqrt{5}ArcTg\left(\frac{x}{\sqrt{5}}\right)}{240} - \dfrac{\sqrt{3}ArcTgh\left(\frac{x}{\sqrt{3}}\right)}{48} + C.$

215) $\int \dfrac{dx}{(x^2-3)(x^2+5)(x-1)} = \dfrac{Ln|x^2-8|}{7} - \dfrac{Ln|x+3|}{4} - \dfrac{Ln|x-1|}{28} + \dfrac{5\sqrt{2}ArcTgh\left(\frac{\sqrt{2}x}{4}\right)}{28} + C.$

216) $\int \dfrac{dx}{(x^2+3)(x-10)(x+7)} = \dfrac{3Ln|x^2+3|}{10712} - \dfrac{Ln|x+7|}{884} + \dfrac{Ln|x-10|}{1751} - \dfrac{73\sqrt{3}ArcTg\left(\frac{x}{\sqrt{3}}\right)}{16068} + C.$

217) $\int \dfrac{dx}{(x^2+6)(x-5)(x-10)} = \dfrac{15Ln|x^2+6|}{6572} - \dfrac{Ln|x-5|}{155} + \dfrac{Ln|x-10|}{530} + \dfrac{11\sqrt{6}ArcTg\left(\frac{x}{\sqrt{6}}\right)}{4929} + C.$

218) $\int \dfrac{dx}{(x^2+\frac{1}{3})(x-6)} = \dfrac{3Ln|x-6|}{109} - \dfrac{3Ln|3x^2+1|}{218} - \dfrac{18\sqrt{3}ArcTg(x\sqrt{3})}{109} + C.$

219) $\int \dfrac{dx}{(x^2+2x+3)(x^2-1)} = \dfrac{Ln|x^2+2x+3|}{12} - \dfrac{Ln|x+1|}{4} + \dfrac{Ln|x-1|}{12} - \dfrac{\sqrt{2}ArcTg\left(\frac{\sqrt{2}(x+1)}{2}\right)}{12} + C.$

Integración de fracciones racionales. (Caso IV):

220) $\int \frac{dx}{(x^2+6x+3)^2(x-1)} = \frac{3Ln|x^2+6x+3|}{50} - \frac{Ln|x+1|}{8} + \frac{Ln|x-1|}{200} + \frac{(3x+16)(x+3)}{120(x^2+6x+3)} - \frac{173\sqrt{6}ArcTgh\left(\frac{(x+3)}{\sqrt{6}}\right)}{3600} + C.$

221) $\int \frac{dx}{(x^2+7x+3)^2(x+1)} = -\frac{Ln|x^2+7x+3|}{18} + \frac{Ln|x+1|}{9} - \frac{(2x+7)(x+6)}{111(x^2+7x+3)} + \frac{215\sqrt{37}ArcTgh\left(\frac{2x+7}{\sqrt{37}}\right)}{12321} + C.$

222) $\int \frac{dx}{(x^2+8x+5)^2(x-2)} =$
$-\frac{Ln|x^2+8x+5|}{1250} + \frac{Ln|x-2|}{625} - \frac{(x+4)(x+10)}{550(x^2+8x+5)} - \frac{9\sqrt{11}ArcTgh\left(\frac{x+4}{\sqrt{11}}\right)}{75625} + C.$

223) $\int \frac{dx}{(x^2+x+9)^2(x-8)} = -\frac{Ln|x^2+x+9|}{13122} + \frac{Ln|x-8|}{6561} - \frac{(2x+1)(x+9)}{2835(x^2+x+9)} - \frac{3349\sqrt{35}ArcTg\left(\frac{2x+1}{\sqrt{35}}\right)}{8037225} + C.$

Método de integración que contiene un trinomio cuadrado. Caso I:

224) $\int \frac{dx}{2x^2-7x+3} = \frac{Ln|x-3|}{5} - \frac{Ln|2x-1|}{5} + C.$

225) $\int \frac{dx}{3x^2-8x+1} = -\frac{\sqrt{13}ArcTgh\left(\frac{\sqrt{13}(3x-4)}{13}\right)}{13} + C.$

226) $\int \frac{dx}{5x^2+x+6} = \frac{2\sqrt{119}ArcTg\left(\frac{\sqrt{119}(10x+1)}{119}\right)}{119} + C.$

227) $\int \frac{dx}{7x^2-2x+1} = \frac{\sqrt{6}ArcTg\left(\frac{\sqrt{6}(7x-1)}{6}\right)}{6} + C.$

228) $\int \frac{dx}{3x^2+5x+3} = \frac{2\sqrt{11}ArcTg\left(\frac{\sqrt{11}(6x+5)}{11}\right)}{11} + C.$

229) $\int \frac{dx}{2x^2-7x+7} = \frac{2\sqrt{7}ArcTg\left(\frac{\sqrt{7}(4x-7)}{7}\right)}{7} + C.$

230) $\int \frac{dx}{7x^2+9x+6} = \frac{2\sqrt{87}ArcTg\left(\frac{\sqrt{87}(14x+9)}{87}\right)}{87} + C.$

231) $\int \frac{dx}{9x^2+8x+6} = \frac{\sqrt{38}ArcTg\left(\frac{\sqrt{38}(9x+4)}{38}\right)}{38} + C.$

232) $\int \frac{dx}{10x^2-9x+10} = \frac{2\sqrt{319}ArcTg\left(\frac{\sqrt{319}(20x-9)}{319}\right)}{319} + C.$

233) $\int \frac{dx}{11x^2+10x+6} = \frac{\sqrt{41}ArcTg\left(\frac{\sqrt{41}(11x+5)}{41}\right)}{41} + C.$

234) $\int \frac{3dx}{3x^2-9x+6} = Ln|x-2| - Ln|x-1| + C.$

235) $\int \frac{dx}{7x^2-8x+6} = \frac{\sqrt{26}ArcTg\left(\frac{\sqrt{26}(7x-4)}{26}\right)}{26} + C.$

236) $\int \frac{dx}{9x^2-x+3} = \frac{2\sqrt{107}ArcTg\left(\frac{\sqrt{107}(18x-1)}{107}\right)}{107} + C.$

237) $\int \frac{dx}{10x^2-3x-1} = \frac{Ln|2x-1|}{7} - \frac{Ln|5x+1|}{7} + C.$

238) $\int \frac{dx}{3x^2-5x-6} = -\frac{2\sqrt{97}ArcTgh\left(\frac{\sqrt{97}(65x-5)}{97}\right)}{97} + C.$

239) $\int \frac{dx}{9x^2-3x+7} = \frac{2\sqrt{3}ArcTg\left(\frac{\sqrt{3}(6x-1)}{9}\right)}{27} + C.$

240) $\int \frac{dx}{2x^2-x-1} = \frac{Ln|x-1|}{3} - \frac{Ln|2x+1|}{3} + C.$

241) $\int \frac{dx}{3x^2+6x-7} = -\frac{\sqrt{30}ArcTgh\left(\frac{\sqrt{30}(x+1)}{10}\right)}{30} + C.$

242) $\int \frac{dx}{11x^2-5x+6} = \frac{2\sqrt{239}ArcTg\left(\frac{\sqrt{239}(22x-5)}{239}\right)}{239} + C.$

243) $\int \frac{dx}{90x^2-7x+6} = \frac{2\sqrt{2111}ArcTg\left(\frac{\sqrt{2111}(180x-7)}{2111}\right)}{2111} + C.$

Método de integración que contiene un trinomio cuadrado. Caso II:

244) $\int \frac{(5x+1)dx}{2x^2+x+6} = \frac{5Ln|2x^2+x+6|}{6} - \frac{\sqrt{47}ArcTg\left(\frac{\sqrt{47}(4x+1)}{47}\right)}{94} + C.$

245) $\int \frac{(8x+7)dx}{3x^2+7x+8} = \frac{4Ln|3x^2+7x+8|}{3} - \frac{14\sqrt{47}ArcTg\left(\frac{\sqrt{47}(6x+7)}{47}\right)}{141} + C.$

246) $\int \frac{(9x+2)dx}{7x^2+2x+6} = \frac{9Ln|7x^2+2x+6|}{14} + \frac{5\sqrt{41}ArcTg\left(\frac{\sqrt{41}(7x+1)}{41}\right)}{287} C.$

247) $\sqrt{7}\int \frac{(10x+4)dx}{6x^2+4x+9} = \frac{5\sqrt{7}\,Ln|6x^2+4x+9|}{6} + \frac{\sqrt{14}ArcTg\left(\frac{\sqrt{2}(3x+1)}{5}\right)}{15} + C.$

248) $\frac{1}{2}\int \frac{(3x+13)dx}{5x^2+3x+5} = -\frac{3Ln|5x^2+3x+5|}{3092} + \frac{3Ln|3x+13|}{1546} + \frac{121\sqrt{91}ArcTg\left(\frac{\sqrt{91}(10x+3)}{91}\right)}{140686} + C.$

249) $\int \frac{(4x+11)dx}{2x^2+x+6} = Ln|2x^2+x+6| + \frac{20\sqrt{47}ArcTg\left(\frac{\sqrt{47}(4x+1)}{47}\right)}{47} + C.$

250) $\int \frac{(10x+7)dx}{10x^2+7x+6} = \frac{Ln|10x^2+7x+6|}{2} + \frac{7\sqrt{191}ArcTg\left(\frac{\sqrt{191}(20x+7)}{191}\right)}{191} + C.$

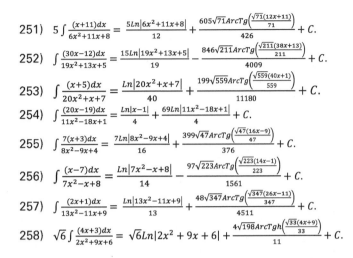

251) $5\int \frac{(x+11)dx}{6x^2+11x+8} = \frac{5Ln|6x^2+11x+8|}{12} + \frac{605\sqrt{71}ArcTg\left(\frac{\sqrt{71}(12x+11)}{71}\right)}{426} + C.$

252) $\int \frac{(30x-12)dx}{19x^2+13x+5} = \frac{15Ln|19x^2+13x+5|}{19} - \frac{846\sqrt{211}ArcTg\left(\frac{\sqrt{211}(38x+13)}{211}\right)}{4009} + C.$

253) $\int \frac{(x+5)dx}{20x^2+x+7} = \frac{Ln|20x^2+x+7|}{40} + \frac{199\sqrt{559}ArcTg\left(\frac{\sqrt{559}(40x+1)}{559}\right)}{11180} + C.$

254) $\int \frac{(20x-19)dx}{11x^2-18x+1} = \frac{Ln|x-1|}{4} + \frac{69Ln|11x^2-18x+1|}{4} + C.$

255) $\int \frac{7(x+3)dx}{8x^2-9x+4} = \frac{7Ln|8x^2-9x+4|}{16} + \frac{399\sqrt{47}ArcTg\left(\frac{\sqrt{47}(16x-9)}{47}\right)}{376} + C.$

256) $\int \frac{(x-7)dx}{7x^2-x+8} = \frac{Ln|7x^2-x+8|}{14} - \frac{97\sqrt{223}ArcTg\left(\frac{\sqrt{223}(14x-1)}{223}\right)}{1561} + C.$

257) $\int \frac{(2x+1)dx}{13x^2-11x+9} = \frac{Ln|13x^2-11x+9|}{13} + \frac{48\sqrt{347}ArcTg\left(\frac{\sqrt{347}(26x-11)}{347}\right)}{4511} + C.$

258) $\sqrt{6}\int \frac{(4x+3)dx}{2x^2+9x+6} = \sqrt{6}Ln|2x^2+9x+6| + \frac{4\sqrt{198}ArcTgh\left(\frac{\sqrt{33}(4x+9)}{33}\right)}{11} + C.$

Método de integración que contiene un trinomio cuadrado. Caso III:

259) $\int \frac{(x+3)dx}{\sqrt{3x^2+2x+2}} = \frac{\sqrt{3x^2+2x+2}}{3} + \frac{8\sqrt{3}Ln|6x+2\sqrt{3(3x^2+2x+2)}+2|}{9} + C.$

260) $\int \frac{(x+1)dx}{\sqrt{6x^2+3x+1}} = \frac{\sqrt{6x^2+3x+1}}{6} + \frac{\sqrt{6}Ln|12x+2\sqrt{6(6x^2+3x+1)}+3|}{8} + C.$

261) $\int \frac{(x+7)dx}{\sqrt{3x^2+4x+2}} = \frac{\sqrt{3x^2+4x+2}}{3} + \frac{19\sqrt{3}Ln|6x+2\sqrt{3(3x^2+4x+2)}+4|}{9} + C.$

262) $\int \frac{(x+1)dx}{\sqrt{2x^2+6x+5}} = \frac{\sqrt{2x^2+6x+5}}{2} - \frac{\sqrt{2}Ln|4x+\sqrt{2(x^2+6x+5)}+6|}{4} + C.$

263) $\int \frac{(x+4)dx}{\sqrt{2x^2+8x-1}} = \frac{\sqrt{2x^2+8x-1}}{2} + \sqrt{2}Ln|4x+2\sqrt{2(2x^2+8x-1)}+8| + C.$

264) $\int \frac{(x+9)dx}{\sqrt{7x^2+2x-8}} = \frac{\sqrt{7x^2+2x-8}}{7} + \frac{62\sqrt{7}Ln|14x+2\sqrt{7(7x^2+2x-8)}+2|}{49} + C.$

265) $\int \frac{(x+6)dx}{\sqrt{5x^2+2x+1}} = \frac{\sqrt{5x^2+2x+1}}{5} + \frac{29\sqrt{5}Ln|10x+2\sqrt{5(2x^2+2x+1)}+2|}{25} + C.$

266) $\int \frac{(x+8)dx}{\sqrt{3x^2+6x-1}} = \frac{\sqrt{3x^2+6x-1}}{3} + \frac{7\sqrt{3}Ln|6x+2\sqrt{3(3x^2+6x-1)}+6|}{3} + C.$

267) $\int \frac{(x-9)dx}{\sqrt{5x^2+4x+2}} = \frac{\sqrt{5x^2+4x+2}}{5} - \frac{47\sqrt{5}Ln|10x+2\sqrt{5(5x^2+4x+2)}+4|}{25} + C.$

Método de integración que contiene un trinomio cuadrado. Caso IV:

268) $\int \frac{dx}{\sqrt{5x^2+8x+1}} = \frac{\sqrt{5}Ln\left(\sqrt{5x^2+8x+1}+\sqrt{5}x+\frac{4\sqrt{5}}{5}\right)}{5} + C.$

269) $\int \frac{dx}{\sqrt{7x^2+4x+2}} = \frac{\sqrt{7}Ln\left(\sqrt{7x^2+4x+2}+\sqrt{7}x+\frac{2\sqrt{7}}{7}\right)}{7} + C.$

270) $\int \frac{dx}{\sqrt{3x^2+x+1}} = \frac{\sqrt{3}Ln\left(\sqrt{3x^2+x+1}+\sqrt{3}x+\frac{\sqrt{3}}{6}\right)}{3} + C.$

271) $\int \frac{dx}{\sqrt{8x^2+3x+1}} = \frac{\sqrt{2}Ln\left(\sqrt{8x^2+3x+1}+2\sqrt{2}x+\frac{3\sqrt{2}}{8}\right)}{4} + C.$

272) $\int \frac{dx}{\sqrt{7x^2-x+1}} = \frac{\sqrt{7}Ln\left(\sqrt{7x^2-x+1}+\sqrt{7}x-\frac{\sqrt{7}}{14}\right)}{7} + C.$

273) $\int \frac{dx}{\sqrt{10x^2-x+1}} = \frac{\sqrt{10}Ln\left(\sqrt{10x^2-x+1}+\sqrt{10}x-\frac{\sqrt{10}}{20}\right)}{10} + C.$

274) $\int \frac{dx}{\sqrt{11x^2-2x+3}} = \frac{\sqrt{11}Ln\left(\sqrt{11x^2-2x+3}+\sqrt{11}x-\frac{\sqrt{11}}{11}\right)}{11} + C.$

275) $\int \frac{dx}{\sqrt{6x^2+x+1}} = \frac{\sqrt{6}Ln\left(\sqrt{6x^2+x+1}+\sqrt{6}x+\frac{\sqrt{6}}{12}\right)}{6} + C.$

276) $\int \frac{dx}{\sqrt{2x^2+x+12}} = \frac{\sqrt{2}Ln\left(\sqrt{2x^2+x+12}+\sqrt{2}x+\frac{\sqrt{2}}{4}\right)}{2} + C.$

277) $\int \frac{dx}{\sqrt{6x^2+8x+86}} = \frac{\sqrt{6}Ln\left(\sqrt{6x^2+8x+86}+\sqrt{6}x+\frac{2\sqrt{6}}{3}\right)}{6} + C.$

278) $\int \frac{dx}{\sqrt{7x^2-x+8}} = \frac{\sqrt{7}Ln\left(\sqrt{7x^2-x+8}+\sqrt{7}x-\frac{\sqrt{7}}{14}\right)}{7} + C.$

Método de integración que contiene un trinomio cuadrado. Caso V:

279) $\int \sqrt{7x^2+5x+3}\,dx = \frac{x\sqrt{7x^2+5x+3}}{2} + \frac{5\sqrt{7x^2+5x+3}}{28} + \frac{59\sqrt{7}Ln\left|14x+2\sqrt{7(7x^2+5x+3)}+5\right|}{392} + C.$

280) $\int \sqrt{6x^2+x+1}\,dx = \frac{x\sqrt{6x^2+x+1}}{2} + \frac{\sqrt{6x^2+x+1}}{24} + \frac{23\sqrt{6}Ln\left|12x+2\sqrt{6(6x^2+x+1)}+1\right|}{288} + C.$

281) $\int \sqrt{5x^2+x-1}\,dx = \frac{x\sqrt{5x^2+x-1}}{2} + \frac{\sqrt{5x^2+x-1}}{20} - \frac{21\sqrt{5}Ln\left|10x+2\sqrt{5(5x^2+x-1)}+1\right|}{200} + C.$

282) $\int \sqrt{3x^2+x+1}\,dx = \frac{x\sqrt{3x^2+x+1}}{2} + \frac{\sqrt{3x^2+x+1}}{12} + \frac{11\sqrt{3}Ln\left|6x+2\sqrt{3(3x^2+x+1)}+1\right|}{72} + C.$

283) $\int \sqrt{8x^2+3x-1}\,dx = \frac{x\sqrt{8x^2+3x-1}}{2} + \frac{3\sqrt{8x^2+3x-1}}{32} - \frac{41\sqrt{2}Ln\left|16x+4\sqrt{2(8x^2+3x-1)}+3\right|}{256} + C.$

343

284) $\int \sqrt{5x^2 + x + 21}\,dx = \frac{x\sqrt{5x^2+x+21}}{2} + \frac{\sqrt{5x^2+x+21}}{20} + \frac{419\sqrt{5}Ln\left|10x+2\sqrt{5(5x^2+x+21)+1}\right|}{200} + C.$

285) $\int \sqrt{11x^2 + x + 11}\,dx = \frac{x\sqrt{11x^2+x+11}}{2} + \frac{\sqrt{11x^2+x+11}}{44} + \frac{483\sqrt{11}Ln\left|22x+2\sqrt{11(11x^2+x+11)+1}\right|}{968} + C.$

286) $\int \sqrt{7x^2 + x + 3}\,dx = \frac{x\sqrt{7x^2+x+3}}{2} + \frac{\sqrt{7x^2+x+3}}{28} + \frac{83\sqrt{7}Ln\left|14x+2\sqrt{7(7x^2+x+3)+1}\right|}{392} + C.$

287) $\int \sqrt{8x^2 + x - 1}\,dx = \frac{x\sqrt{8x^2+x-1}}{2} + \frac{\sqrt{8x^2+x-1}}{32} - \frac{33\sqrt{2}Ln\left|16x+2\sqrt{2(8x^2+x-1)+1}\right|}{256} + C.$

288) $\int \sqrt{10x^2 + x + 1}\,dx = \frac{x\sqrt{10x^2+x+1}}{2} + \frac{\sqrt{10x^2+x+1}}{40} + \frac{39\sqrt{10}Ln\left|20x+2\sqrt{10(10x^2+x+1)+1}\right|}{800} + C.$

Integración de integrales binomias:

289) $\int x^{\frac{1}{8}}\left(1 - x^{\frac{1}{3}}\right)^2 dx = \frac{8}{9}x^{\frac{9}{8}} - \frac{48}{35}x^{\frac{35}{24}} + \frac{24}{43}x^{\frac{43}{24}} + C.$

290) $\int (1 - x^2)^{-\frac{3}{2}}dx = \left(\frac{1}{x^2} + 1\right)^{\frac{1}{2}} - \frac{1}{\left(\frac{1}{x^2}+1\right)^{\frac{1}{2}}} + C.$

291) $\int x^{\frac{1}{3}}\left(1 + x^{\frac{1}{3}}\right)^{\frac{1}{5}} dx = 15\left(\frac{\left(1+x^{\frac{1}{3}}\right)^3}{15} - \frac{2\left(1+x^{\frac{1}{3}}\right)^{\frac{13}{5}}}{13} + \frac{\left(1+x^{\frac{1}{3}}\right)^{\frac{11}{5}}}{11} - \frac{\left(1+x^{\frac{1}{3}}\right)^2}{10} + \frac{\left(1+x^{\frac{1}{3}}\right)^{\frac{8}{5}}}{4} - \right.$

$\left. \frac{\left(1+x^{\frac{1}{3}}\right)^{\frac{6}{5}}}{6}\right) + C.$

292) $\int (2 - x^3)^2 dx = 4x - x^4 + \frac{1}{7}x^7 + C.$

293) $\int x^{-3}(1 + x^2)^{-\frac{3}{2}}dx = \frac{Ln|x-1|}{2} - \frac{Ln|x+1|}{2} - \frac{1}{x} + C.$

294) $\int x^{-\frac{1}{4}}\left(3 - x^{\frac{1}{4}}\right)^2 dx = 12x^{\frac{3}{4}} - 6x + \frac{4x^{\frac{5}{4}}}{5} + C.$

295) $\int \left(1 + x^{\frac{1}{2}}\right)^{\frac{2}{3}} dx = \frac{6}{7}\left(1 + x^{\frac{1}{2}}\right)^{\frac{1}{3}} - \frac{3\left(1+x^{\frac{1}{2}}\right)^4}{4} + C.$

296) $\int x^{\frac{1}{4}}(1 + x^2)^2 dx = \frac{4x^{\frac{1}{4}}}{11} + \frac{8x^{\frac{13}{4}}}{3} + 7x^{\frac{1}{2}} + C.$

Integración de funciones irracionales:

297) $\int \frac{\sqrt{x}\,dx}{\sqrt[4]{x^3}+7} = \frac{4\sqrt[4]{x^3}}{3} - \frac{28Ln\left|\sqrt[4]{x^3}+7\right|}{3} + C.$

298) $\int \frac{\left(\sqrt[4]{x^3}-\sqrt{x}\right)dx}{7\sqrt{x}} = \frac{2\sqrt{x}}{7} - \frac{4\sqrt[4]{x}}{7} + C.$

299) $\int x\sqrt{\frac{x+1}{x-1}}\,dx = \frac{1}{2}\left(-\frac{1}{\left(\sqrt{\frac{x+1}{x-1}}+1\right)} + \frac{1}{\left(\sqrt{\frac{x+1}{x-1}}+1\right)^2} + \frac{1}{\left(\sqrt{\frac{x+1}{x-1}}-1\right)} + \frac{1}{\left(\sqrt{\frac{x+1}{x-1}}-1\right)^2}\right) + C$

300) $\int \sqrt{\frac{2+5x}{x-2}}\,dx = (x-2)\sqrt{\frac{2+5x}{x-2}} + \dfrac{12\sqrt{5}ArcTgh\left(\frac{\sqrt{\frac{2+5x}{x-2}}}{\sqrt{5}}\right)}{5} + C$

301) $\int \frac{dx}{\sqrt{x}+\sqrt[3]{x}} = -6Ln\left|\sqrt[6]{x}+1\right| + 2\sqrt{x} - 3\sqrt[3]{x} + 6\sqrt[6]{x} + C.$

302) $\int \sqrt{\frac{10x+5}{2-x}}\,dx = (2-x)\sqrt{\frac{10x+5}{2-x}} + \dfrac{5\sqrt{10}Arctg\left(\frac{\sqrt{\frac{10x+5}{2-x}}}{\sqrt{10}}\right)}{2} + C$

303) $\int \frac{\sqrt[3]{x}\,dx}{\sqrt[3]{x^2}+8} = \dfrac{3\sqrt[3]{x^2}}{2} - \dfrac{24\sqrt{2}ArcTg\left(\frac{\sqrt{2}\sqrt[3]{x}}{4}\right)}{4} + C.$

Integración por sustitución trigonométrica:

304) $\int x^2\sqrt{16-x^2}\,dx = 32ArcSen\left(\frac{x}{4}\right) + \dfrac{x^3\sqrt{16-x^2}}{4} - 2\sqrt{16-x^2} + C.$

305) $\int x^2\sqrt{7-x^2}\,dx = \dfrac{49ArcSen\left(\frac{x}{\sqrt{7}}\right)}{8} + \dfrac{x^3\sqrt{7-x^2}}{4} - \dfrac{7x\sqrt{7-x^2}}{8} + C.$

306) $\int \frac{x^2}{\sqrt{8-x^2}}\,dx = 4ArcSen\left(\frac{\sqrt{2}x}{4}\right) - \dfrac{x\sqrt{8-x^2}}{2} + C.$

307) $\int \frac{x^2}{\sqrt{10-x^2}}\,dx = 5ArcSen\left(\frac{x}{\sqrt{10}}\right) - \dfrac{x\sqrt{10-x^2}}{2} + C.$

308) $\int \sqrt{3-x^2}\,dx = \dfrac{3ArcSen\left(\frac{x}{\sqrt{3}}\right)}{2} + \dfrac{x\sqrt{3-x^2}}{2} + C.$

309) $\int \sqrt{2+x^2}\,dx = Ln\left|2\sqrt{2+x^2}+2x\right| + \dfrac{x\sqrt{2+x^2}}{2} + C.$

310) $\int x^2\sqrt{8+x^2}\,dx = \dfrac{x^3\sqrt{8+x^2}}{4} + x\sqrt{8+x^2} - 8Ln\left|2\sqrt{8+x^2}+2x\right| + C.$

311) $\int \frac{x^2}{\sqrt{x^2+6}}\,dx = \dfrac{x\sqrt{x^2+6}}{2} - 3Ln\left|2\sqrt{x^2+6}+2x\right| + C$

312) $\int \frac{8x^2}{\sqrt{x^2+16}}\,dx = 4x\sqrt{x^2+16} - 64Ln\left|2\sqrt{x^2+16}+2x\right| + C$

313) $\int x^2\sqrt{x^2+5}\,dx = \dfrac{x^3\sqrt{x^2+5}}{4} + \dfrac{5x\sqrt{x^2+5}}{8} - \dfrac{25Ln\left|2\sqrt{x^2+5}+2x\right|}{8} + C.$

314) $\int \sqrt{x^2-14}\,dx = \dfrac{x\sqrt{x^2-14}}{2} - 7Ln\left|2\sqrt{x^2-14}+2x\right| + C.$

315) $\int x^2\sqrt{x^2-4}\,dx = \dfrac{x^3\sqrt{x^2-4}}{4} - \dfrac{x\sqrt{x^2-4}}{2} - 2Ln\left|2\sqrt{x^2-4}+2x\right| + C.$

Fórmulas trigonométricas

$$Cos^2(x) + Sen^2(x) = 1$$
$$Cos^2(x) = 1 - Sen^2(x)$$
$$Sen^2(x) = 1 - Cos^2(x)$$
$$Cos(x + 2\pi) = Cos(x)$$
$$Sen(x + 2\pi) = Sen(x)$$
$$Cos(-x) = Cos(x)$$
$$Sen(-x) = -Sen(x)$$
$$Sen(u + v) = SenuCosv + Cos(u)Sen(v)$$
$$Sen(u - v) = SenuCosv - Cos(u)Sen(v)$$
$$Cos(u + v) = Cos(u)Cos(v) - Sen(u)Sen(v)$$
$$Cos(u - v) = Cos(u)Cos(v) + Sen(u)Sen(v)$$
$$Sen(2x) = 2Sen(x)Cos(x)$$
$$Cos(2x) = Cos^2(x) - Sen^2(x) = 2Cos^2(x) - 1 = 1 - 2Sen^2(x)$$
$$Cos^2(x) = \frac{1 + Cos(2x)}{2}$$
$$Sen^2(x) = \frac{1 - Sen(2x)}{2}$$
$$Cos\left(\frac{\pi}{2} - x\right) = Sen(x)$$
$$Sen\left(\frac{\pi}{2} - x\right) = Cos(x)$$
$$Cos(\pi - x) = -Cos(x)$$
$$Cos(\pi + x) = -Cos(x)$$
$$Sen(\pi - x) = Sen(x)$$
$$Sen(\pi + x) = -Sen(x)$$
$$Sen(x) = \frac{Cos(x)}{Tg(x)}$$
$$Cos(x) = \frac{Sen(x)}{Tg(x)}$$
$$Tg(x) = \frac{Sen(x)}{Cos(x)} = \frac{1}{Ctg(x)}$$
$$Ctg(x) = \frac{Cos(x)}{Sen(x)} = \frac{1}{Tg(x)}$$
$$Sec(x) = \frac{1}{Cos(x)} = \frac{Tg(x)}{Sen(x)}$$
$$Csc(x) = \frac{1}{Sen(x)} = \frac{Tg(x)}{Cos(x)}$$
$$Tg(-x) = -Tg(x)$$
$$Tg(\pi + x) = Tg(x)$$

$$Tg^2(x) = Sec^2(x) - 1$$
$$Sec^2(x) = Tg^2(x) + 1$$
$$Csc^2(x) = Ctg^2(x) + 1$$
$$Ctg^2(x) = Csc^2(x) - 1$$
$$Tg(u + v) = \frac{Tg(u) + Tg(v)}{1 - Tg(u)Tg(v)}$$
$$Tg(u - v) = \frac{Tg(u) - Tg(v)}{1 + Tg(u)Tg(v)}$$

$$\frac{Sen2x}{2} = Sen(x).Cos(x)$$

Productos notables

- **Factor común**

$$c(a + b) = ca + cb$$

- **Trinomio cuadrado perfecto**

$$(a + b)^2 = a^2 + b^2 + ab + ab = a^2 + 2ab + b^2$$

$$(a - b)^2 = a^2 + b^2 + ab + ab = a^2 + 2ab + b^2$$

- **Producto de dos binomios con un término común**

$$(x + a)(x + b) = x^2 + (a + b)x + ab$$

FACTORACIÓN

- **Factor común**

$$24a - 12ax = 12a\,(2 - x)$$

- **Factor común por agrupamiento**

$$ac + ad + bc + bd = a\,(c + d)\,b\,(c + d) = (a + b)\,(c + d)$$

- **Diferencia de dos cuadrados**

$$(x - y)^2 = (x + y)\,(x - y)$$

- **Factorización de un trinomio cuadrado perfecto**

$$9x^2 + 30xy + 25y^2 = (3x + 5y)(3x + 5y) = (3x + 5y)^2$$

- **Factorización de un trinomio de la forma x²+bx+c**

$$x^2 - 12x + 36 = (x - 6)\,(x - 6)$$

Nunca olvides el niño que llevas dentro,
sería como alejarte de tu ser interior,
de la creatividad y la pureza.

María Morales Toussaint